高 等 职 业 教 育 “十 二 五” 规 划 教 材
高等职业教育建筑装饰技术类系列规划教材

# 建筑风景写生实践

薛　欢　主编
冯美宇　主审

科 学 出 版 社
北 京

## 内 容 简 介

本书是高等职业教育建筑装饰技术类系列规划教材之一，按照“建筑风景写生”课程的教学需要而编写，本书主要介绍建筑风景写生的基础知识、建筑写生实践的表现方法、建筑风景写生的分类及表现步骤等内容，并编排了许多风景写生作品供学生学习与赏析。

本书既可作为高等和中等职业技术院校的教学用书，亦可作为建筑设计和美术设计人员的参考书。

**图书在版编目(CIP)数据**

建筑风景写生实践 / 薛欢主编. —北京：科学出版社，2012
（高等职业教育“十二五”规划教材·高等职业教育建筑装饰技术类系列规划教材）
ISBN 978-7-03-033929-4

Ⅰ.①建… Ⅱ.①薛… Ⅲ.①建筑艺术－风景画：写生画－绘画技法－高等职业教育－教材 Ⅳ.①TU204

中国版本图书馆CIP数据核字(2012)第054891号

责任编辑：何舒民 李太铼 杜 晓 / 责任校对：刘玉靖
责任印制：吕春珉 / 封面设计：耕者设计室
装帧设计：北京美光制版有限公司

科 学 出 版 社 出版
北京东黄城根北街16号
邮政编码：100717
http://www.sciencep.com

三河市骏杰印刷有限公司印刷

科学出版社发行 各地新华书店经销
*
2012年6月第 一 版 开本：787×1092 1/16
2020年1月第五次印刷 印张：9 3/4
字数：230 000

**定价：45.00元**
（如有印装质量问题，我社负责调换 <骏杰>）
销售部电话 010-62136131 编辑部电话 010-62132124（VA03）

**版权所有，侵权必究**

举报电话：010-64030229；010-64034315；13501151303

## 高等职业教育建筑装饰技术类系列规划教材
## 编写指导委员会


**顾　问：** 杜国城　胡兴福

**主　任：** 王世新

**副主任：** 冯美宇　徐哲民　薛朝晖　高云河　何舒民

**委　员：** （按姓氏笔画为序）

王振超　王景芹　甘翔云　毛海涛　孙　波<br>
刘晓敏　苏　颖　李太铢　李靖颉　吴静茹<br>
肖友民　周英才　赵冬梅　钟振宇　娄开伦<br>
秦燕恒　贾宝平　高　远　屠　钊　焦　涛

# 前言

“建筑风景写生实践”是一门艺术性、技法性和实践性很强的课程，是建筑装饰及设计人员必须学习的一门专业基础课。本书是为了满足“建筑风景写生实践”课程的教学需要而编写的，分四大部分：概论、建筑写生的基础知识、建筑写生实践的表现、建筑写生的分类及表现步骤。另外本书书末附建筑风景写生赏析图。

为了便于教学和学生学习，本书在编写过程中特意编排了许多风景写生实例，供学习、欣赏，使学生更直观地进行学习。编者根据多年从事美术教学的体会和经验，结合教学特点，在本书中介绍了多种风景画表现的技法，并配以插图。

本书由山西建筑职业技术学院建筑与艺术系薛欢主编，山西建筑职业技术学院建筑与艺术系孙凤玲和胡少杰、太原理工大学阳泉学院毕瑞芳副主编，太原工业学院设计艺术系程跃、山西建筑职业技术学院建筑与艺术系雷雨、山西综合职业技术学院郝志刚黄淮学院李楠、保定职业技术学院杜卫民、河北工程大学申丽霞、山西经济干部管理学院安令梅参编。主编的父亲薛永德、姐姐薛菲，以及黑龙江省黑河学院美术系宋雪，山西建筑职业技术学院张跃华、王艳文、郝晶晶提供了部分作品。

山西建筑职业技术学院建筑装饰系主任冯美宇教授主审了全书。

本书在编写过程中，参考了许多有关专家、学者的著作，在此一并表示衷心的感谢！

限于编者水平，书中难免有疏漏或不当之处，恳请广大读者、前辈和同行予以批评指正。

# 目录

## 概述



## 单元1　建筑写生的基础知识

## 单元2 建筑写生实践的表现方法



## 单元3 建筑风景写生的分类及表现步骤

# 概述

## 0.1 建筑风景写生的特点

建筑风景写生的特点，主要体现在时间、空间、季节、气候、地域等因素的特殊性上。

建筑风景写生是画家直接对大自然中的以建筑为主体的景物进行艺术表现的绘画形式，是风景写生的重要部分。建筑风景写生的形式日趋多样化，根据绘画材料的不同可以分为油画写生、水彩画写生、水粉画写生、水墨写生、淡彩写生、马克笔写生以及铅笔写生和钢笔画写生等。建筑专业学习的风景写生主要以水彩写生、水粉写生、淡彩写生、马克笔写生、钢笔写生为主。

在建筑风景写生中，时间显得非常突出和重要。大自然呈现的晨曦、中午、傍晚和夜幕，都影响着景色的外观形式。即使我们在同一角度观察同一景色，也会因时间的不同，产生不同的感觉。这些变化会导致建筑以及景物形象的形态、色调和总体气氛的变化。我们需要研究这些变化在视觉上的特征及规律，以便得心应手地塑造形象。

建筑风景画是描写空间的最好形式，通过写生来浓缩繁华的城镇、乡村的景色（图0-1-1）。画面的尺寸虽然有限，但空间有时可以达到无限；虽然

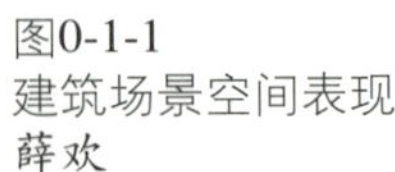

图0-1-1
建筑场景空间表现
薛欢

画面中的形象是有限的，但由于形象、空间及形式共同体现的情绪和意境，也可以不受时空的局限，而达到无限。建筑风景写生题材较静物练习阶段题材更加纷繁，内容更加丰富，空间也更加博大。因此，需要画者更深入地研究形体空间、色彩空间、光度空间、虚实空间等规律。

建筑风景画对气候的描写，除了揭示它们赋予自然景色的各种美感之外，显然也是为了寓意人们的各种心态，即所谓借物抒情。描写地域的特色，也是风景画有别于其他题材的内容。有些题材本身就含有很明显的地域特色因素，像海洋、雪山、黄土地等。不同的地域特色蕴涵着不同历史和文化内涵，如图0-1-2描绘的即是徽派建筑中的马头墙。

图0-1-2
安徽西递风景写生
薛欢

## 0.2 建筑风景写生的任务

室外的光与色与室内的大相径庭，室外的物体受到阳光的直接照射，明暗对比更加强烈，色彩冷暖变化加大，而且空间辽阔，场景深远，较难把握。这就要求画者有熟练的观察和表现能力。对于建筑专业的学生来说，绘画必须和建筑专业紧密结合，才能为我所用。

建筑风景写生的任务主要是培养学生对建筑及自然景色的观察及感受能力，提高选材取景及构图画面的能力；认识并掌握外光的色彩及表现规律；掌握表现空间的方法与技能，了解形成远近空间的各种因素；理解自然景色由于环境、季节、气候、时间等条件的不同而产生的丰富多彩的色调和色彩关系，并掌握其表现技法；在写生中锻炼色彩和笔法的运用，塑造各种不同景物的形体和质感的能力，从而感受并表现景色的意境和情调。

## 0.3 建筑风景写生中容易出现的问题

写生实践，首先应选比较简单、平远的景色作写生练习，便于集中精力研究外光的色彩规律和塑造生疏的形象，也便于画者认识天地景物的色彩关系和了解色彩与空间的关系。在选景时，可以去掉某些与主题无关的或有碍构图完美的景物。因此，往往需要采取移动、增添或改变自然物的形象等艺术处理方法，从而获得完美而生动的构图，充分而集中地表现主题，适合画面的需要。因此，写生应坚持以客观的自然景色为依据，但并非是对所见到的一切如实描绘，那是不可取的。

### 实践训练

1. 从绘画角度理解并处理的自然景物中的变化。
2. 根据季节、时间、气候、地域的不同特点对建筑物进行表现。

# 单元1 建筑写生的基础知识

## 单元教学目标

### 知识目标

1. 掌握建筑风景写生的透视、选景与构图的方法。掌握建筑风景写生的观察方法，理解色彩的原理及色彩要素的应用。
2. 学会把色彩知识融会贯通于表现景物之中。

### 技能目标

1. 运用各种透视方法。
2. 运用构图及选景方法。
3. 建筑风景写生中的单体表现，寻求正确的观察方法。
4. 色彩基础知识在建筑风景写生中的运用。

# 1.1 透视

【学习目标】　掌握建筑风景写生的透视的方法。培养学生用准确、科学的方法进行基础训练，为建筑风景写生打好基础。

【技能要求】　学会透视的多种形式以及透视方法的运用。

【工作情境】　地　　点：绘图室。
材料工具：风景图片、风景写生作品图片、绘图纸、铅笔、直尺、橡皮等。
表现内容：各种透视方法。

建筑风景写生的基础训练是透视、选景和构图。

透视是绘画活动中的观察方法，也是研究视觉空间的专业术语，通过这样的方法可以归纳出视觉空间的变化规律。客观物体在自然空间中有一定的大小比例关系，一旦反映到眼睛里，它们所占的视觉空间就不符合原来实际的大小比例关系了。透视被广泛运用于各种形式、各种风格的美术作品中，为表现主题、创造构图形式和提高表现力起着重要的作用（图1-1-1）。

## 1.1.1 透视基础

图1-1-1　体现一点透视现象的写生　薛欢

### 1．透视现象

在等宽的道路中间，观察整条道路及道路两侧等高的电线杆和树木时会发现，这些景物越远越窄、越远越小、越远越密，最后就消失不见了。这种现象就叫做“透视现象”。透视画法就是研究这种近大远小、近高远低、近实远虚的视觉规律及如何表现在画面上的方法。

### 2．透视的名词概念

透视中的名词及其概念如下（图1-1-2）：

**视点**　画者眼睛所在位置。

**画面**　透明画面被假设的理论画面，是观察面，简称画面。

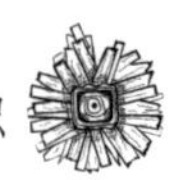

主点（心点） 视点对画面的垂直落点。

视距 视点注视方向与画面的距离。

距点 将视距分别标在心点两侧的视平线上，所得的两点称水平距点。

视线 视点和物体之间的连接线。

视域 在固定视点的前提下，60°视角内所看到的范围。

视平线 向前平视时和视点等高的一条水平线。

视中线 视点与心点之间的连接线。

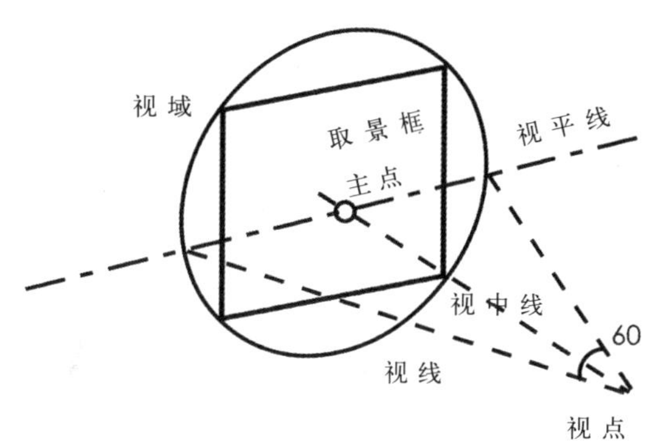


图1-1-2 透视现象

### 3．透明画面

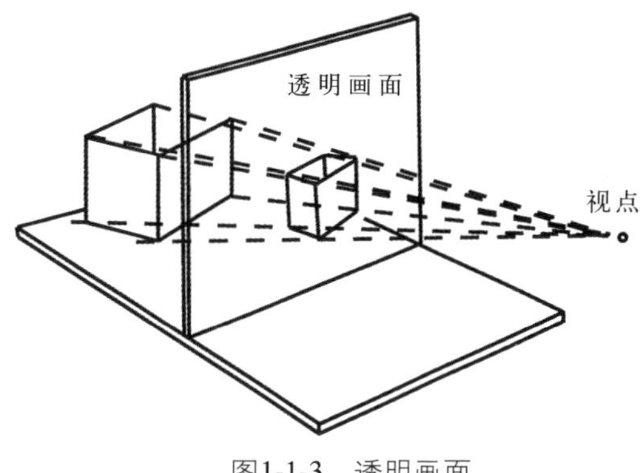


图1-1-3 透明画面

透明画面称“画面”，它是假设在画者视点与被画物体之间的一个透明面，与视中线垂直，随着视点的转动而转动，有如我们隔着玻璃窗往外面观看景物一样，因而叫做“透明画面”。如果我们用一只眼睛作固定的观察，就能用笔准确地将三度空间的景物描绘到仅有二度空间的玻璃上，这个过程就是透视过程。我们作画就是画出景物的透视形。用这种方法可以在平面上得到相对稳定的具有立体特点的画面空间，即“透视图”（图1-1-3）。

### 4．直线的视觉分类与透视变化

物体的边线有很多是直线，物体姿态丰富，直线的视觉方向也千变万化，但从画面、基面的关系及消失状态上分析，可分为无消失变化的原线和有消失变化的变线，加上消失的方向，一共是三种，即与画面平行，与地面平行，与画面、地面都不平行。

（1）原线

原线是指与画面保持平行关系的直线，无论怎样延伸都不会和画面相交，同类线也不会聚拢消失。在画幅中间部分，这种视高的构图，近似现实生活的环境，使观众有身临其境的感觉；但处理不好，容易使构图平淡，缺乏生动性。原线与画面平行，它的透视方向不发生变化，保持原状，只有近长远短、近粗远细的变化。原线包括以下线段：

水平线 平行于画面，平行于地面的线。

**垂直线**　平行于画面，垂直于地面的线。

**斜线**　平行于画面，与地面倾斜的线。

（2）变线

变线是指与画面呈一定角度而彼此平行的直线，向远处延伸，在无限远处必然消失到一个灭点上。变线都与画面成某一角度，产生了透视形的变化，本来互相平行的线段，愈远愈向一起靠拢，直至消失。在变线中由于状态不一样，消失方向不一样。和基面平行的水平变线，无论与画面成多大的角度，它的灭点都在视平线上。和基面形成一定角度的倾斜变线，不论与画面成多大角度，它的灭点都在视平线以外。

**角线**　平行于地面与画面垂直的线，消失到视域中心的心点上。

**成角线**　平行于地面与画面成角度的线（直角线除外），消失到视平线心点以外的余点、距点上。

**近低远高线**　与画面地面成角度，消失到视平线以上的天点上。

**近高远低线**　与画面地面成角度，消失到视平线以下的地点上。

## 1.1.2 视点的选择

视点的位置不同，所画的透视效果也会不同。视点位置的确定主要三个方位来控制，即左右位置、前后位置（视距）和上下位置（视高）。根据不同景物和表达意图，选择不同的视点位置，以最佳的效果来进行表现。

图1-1-4
平视视点　薛欢

### 1．视点的高低位置变化

**视点的左右位置选择**　视点位置的选择还应保证透视中至少应看到一个体积的两个面。如果建筑物与画面的关系不变，可将视点左右位置的移动来获得体积感。构图时，根据需要有时心点要放在中间，有时要偏向一侧。但是一般构图，不要将心点切割到取景框以外，否则等于视域中心被排斥到构图以外，会产生单向消失的心理失重感（图1-1-4）。

**视点前后位置（视距）选择**　视点离开画面的前后位置即为视距，当画面与视距确定以后，便会产生视角。视角一般小于60°为好。大于此角度，透视会产生失真现象。

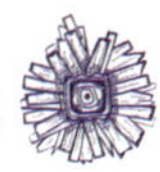

在视点与画面的关系不变的前提下，一般视点距建筑物愈近，所见建筑物的形象愈大，反之愈小。如果画面与建筑物的关系不变、所得效果正好相反，视距愈近则透视图形愈小，透视现象也加剧，而逐渐产生畸变。反之，视距愈远则透视图形愈大（无限远处则成立画面），透视现象也就愈平缓。

视点上下高度的选择　视平线是与眼睛等高的一条水平线。视点高低变动即视平线高低变动。

## 2．视点高低的选择

视点的高度位置不同，所看到的景物的透视形和场面的大小也随之发生变化。在透视图中产生的效果也会不同。在室外透视中，通常眼睛到地面的高度约1.6m，因此，在无特殊要求的情况下，视点可定在此位置，这样的效果真实感较强（图1-1-5）。

图1-1-5
仰视的景物处理
薛欢

在作画的时候，所站的地势高，视平线就高，地面上的东西也就看到的多些；所站的地势低，地面的东西就看到的少，近出的景物和建筑物就显得高大。同一处景物，画者选择坐着或是站着画，画面的效果会大不相同。因此，面对优美的景色，必须了解如何进行视点的选择。

视高大致可分为低视高（仰视）、一般视高（平视）、高视高（俯视）三种。

仰视　作者的视点接近地面或低于地面时，称低视高。在写生中，坐在地面作画，属低视高，地平线不能定在画幅二分之一以上的位置，应是接近画幅底线。也有一些仰视的画幅视点，可以在画幅底线以下。这种仰视的风景构图，表现的景物能产生巍然屹立、气势非凡的效果。

俯视　作者的视点在人们头部以上，即从高处俯视地面景物。如到高山坡上去写生地面景色，视平线必在画幅上部或幅外，可表现宽阔的地面和深远空间。高视高的透视构图，可以加强宽广的境界（图1-1-6）。

平视　作者站着或坐在较高凳子上作画对观察对象的视点高度。一般视高的视平线，在画幅中间部分，这种视高的构图，近似现实生活的环境，使观众有身临其境的感觉，但处理不好，容易使构图平淡，缺乏生动性（图1-1-7）。

图1-1-6
俯视角度的建筑风景表现　薛欢

图1-1-7
平视角度的处理与表现　薛欢

## 1.1.3 常用的透视画法

### 1．一点透视

一点透视也称平行透视，是指在一幅画中，只有一个灭点（消失点）的透视图（图1-1-8）。

我们在生活中接触的各种景物，如建筑物、车船等，尽管形状各不相同，但都可以归纳到一个或几个正方体之中。正立方体有上下、前后、两侧三种面，只要物体正前面与画面平行，垂直线与画面平行，为原线方向不

变。而直角线不论有多少条，都消失于主点上，因而称为“一点透视”。为了避免画面呆板，透视灭点一般不宜设在画面正中，以画面三分之一左右位置为好。

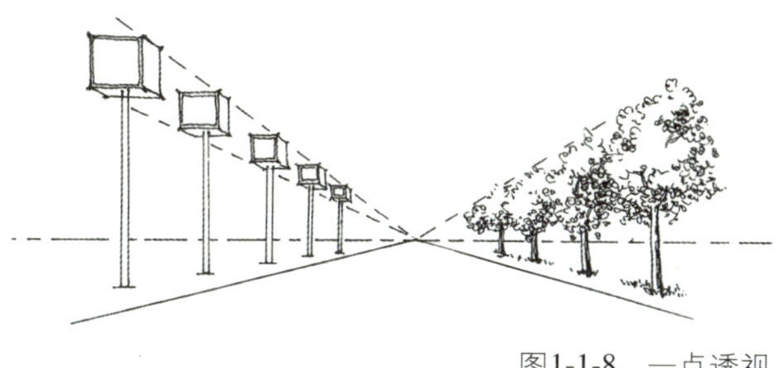

图1-1-8 一点透视

## 2. 二点透视

二点透视即成角透视，是指在一幅画的透视中有两个灭点（消失点）。为了区别一点透视中的灭点，我们把二点透视中的灭点叫做“余点”，意思是其余的灭点。二点透视比一点透视多一个透视面，所以透视效果较为真实、自然，是最常用的一种透视的表现方法（图1-1-9）。

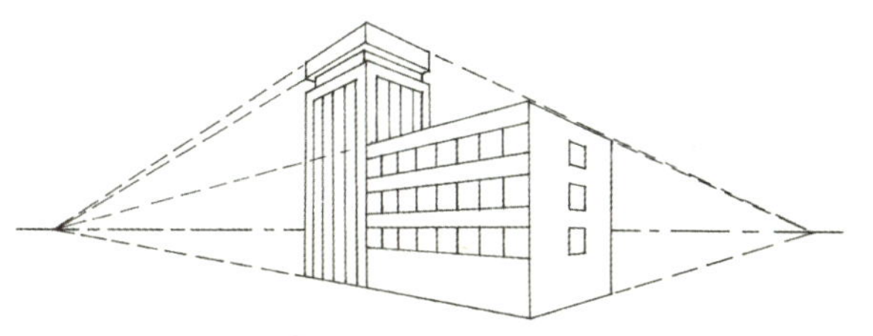

图1-1-9 两点透视

由于二点透视所看到的立方体，观察时由于眼睛的高度不同，立方体的上面或下面发生了变化。一般画静物素描，用二点透视已足够，可是超过上下方向的静物视野，需要仰视或俯视的较大对象时，就成了三点透视。

## 3. 三点透视

三点透视也称“倾斜透视”（图1-1-10），它的表现力很强，除了左右两个透视灭点外，还会有向下消失的“地点”和向上消失的“天点”。三点透视一般用于表现楼梯、房顶、坡路等本来就有斜面的物体，它们与地面和画面都成角度。常用于高层建筑和鸟瞰图。

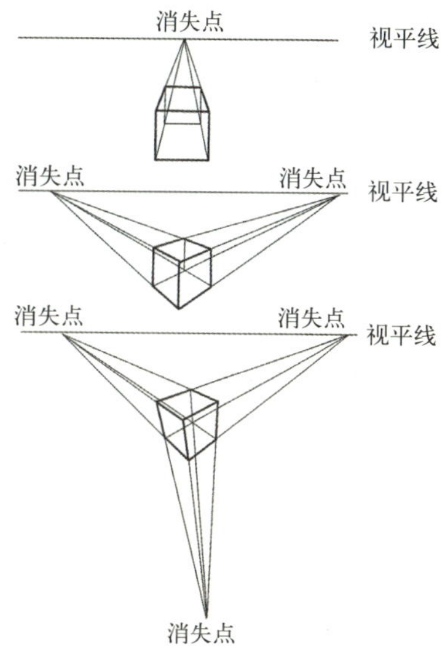


图1-1-10 三点透视及消失点表现

**关键及要点**

在风景写生中，无论是选择作画的角度、确定构图以及空间距离的表现，还是探索建筑物的体积及建筑结构的描绘，都必须充分运用透视的规律去表现。如果违背透视的基本规律，画面就会失去真实感，不能达到理想的画面效果。

透视角度的选择和视平线的确定，都应符合风景构图取“势”的需要。无论突出一座建筑物，还是表现一条道路，画一棵树或是画一片树林，都应围绕主题，在其周围进行一番观察、比较，确定合适的角度进行写生。

## 1.2 选景与构图

【学习目标】 掌握建筑风景写生的空间表现方法，结合透视原理在二维的空间上处理好远景、中景、近景的三度空间关系。

【技能要求】 1. 能对远景、中景、近景进行不同力度的表现，以体现空间关系。
2. 熟悉风景写生中空间层次表现的处理办法。

【工作情境】 地　　点：室外与绘图教室。
材料工具：铅笔、钢笔、绘图笔、绘图纸、颜料等。
表现内容：建筑风景写生中近景、中景、远景的结合表现。

### 1.2.1 选景

可先自制一个13.2cm×10.2cm的黑色硬纸板，剪掉中间10.2cm×7.2cm面积作为取景框。取景构图时可横看、竖看、近看、远看选择出写生的景物。但要明确所画的建筑类型，是繁闹的商业大厦，还是幽静的小区民宅。取景时还要注意空间体量的组合，对称与不对称、韵律与节奏、比例与尺度等。见图1-2-1选景与表现。

在动笔之前，应该用足够的时间观察、研究、分析物体的形象、形体特征，要形成完整的印象。坚持多看、多分析，不断深化认识和理解的程度。

**整体观察**　整体观察是观察的核心，从整体到局部、从局部到整体，养成整体观察及表现的习惯。整体观察形、体、色形成第一印象。

**联系观察**　在整体中，局部与局部之间相互依存，有内在联系。其中解剖

图1-2-1
选景与表现　薛欢

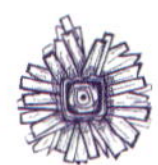

关系、空间关系、透视关系要通过联系的观察，增强整体内容的把握能力。

本质观察　色彩中形体结构与色彩色调都包含着深刻、复杂又协调的明暗素描关系，加深本质理解，可以提高表现能力。

**关键及要点**

选景是写生的首要问题，在教学中学生们经常找不到满意的角度，是因为缺少写生的经验，或是在写生前有了一种假想模式。

选景时首先要考虑画面的大色调，让画面中的几个大块面形成和谐优雅的色调。对于学生来说可以先从一些单纯的景物入手，如几棵树、一座茅屋等。

在选景和组织画面时，要进行有意识地概括处理，不能将造型和色彩分开。不能只考虑造型而丢弃色彩，或是只考虑色彩而丢弃造型，必须把两者很好地协调，才能组成完美的画面。

### 1．不同专业方向的不同选景题材

尽管所面对的景物相同，但是不同专业需要表现与训练的目的各有侧重，结合自己所学专业进行训练是很有必要的。如建筑设计专业的学生着重注意对建筑结构的刻画，并要求准确。环境艺术专业学生着重表现透视原理，对材料质感的表现和空间的表现。

### 2．建筑风景写生课程的基本选景题材

房屋与建筑　建筑与房屋是写生中最重要的表现主题，在选景时可以选择具有远景、中景、近景的完整构图，也可以选择有特色的近景。一座牌坊、一座独立建筑、一个门楼或一个窗洞都能成为精彩的表现对象。同一景物可以采取不同的选景方法（图1-2-2和图1-2-3）。

图1-2-2　同一建筑的不同表现手法　雷雨

图1-2-3　同一建筑的不同表现手法　薛欢

**树木与花草** 树木花草在风景写生中是很重要的主题，一般采用特写的方式，以求表现得尽善尽美，但在建筑风景写生中主要起到衬托主题建筑的作用，在选景时应注意树木花草的所占的位置比例，通过写生展现树木的生长历程、小草坚忍不拔的精神和小花生命中的美（图1-2-4）。

**山与石** 山与石是自然界的重要构成部分，一些建筑类景观也经常处在山石围绕之中。在写生中应选择有结构、有气势或特点鲜明的山石，选择疏密有序或构成曲折的山石，是比较理想的选景（图1-2-5）。

图1-2-4
树的表现 薛欢

图1-2-5
山的表现 雷雨

图1-2-6 水与桥的表现 薛欢

图1-2-7 建筑雕刻的表现 薛欢

水、桥与船 水也是风景写生中经常出现的景物，水的色彩随着周围的景物色彩的变化而变化。船和桥与水也有密不可分的关系，桥和船因水而变得更加美丽。在选景时可以是水、船、桥组合，水与船组合，水与桥组合，或者是水与建筑组合（图1-2-6）。

人文景观 人文风景是建筑风景写生中文化采风的重要环节，建筑也是人文风景的重要部分，与建筑相伴的雕刻艺术也是建筑艺术中闪耀的部分。不同的历史时期呈现不同的文化和人文特点，这些是我们学习、搜集、塑造和刻画的素材。这一部分内容一般是进行特写式的深入刻画（图1-2-7）。

## 1.2.2 构图

构图简单讲就是组织好画面，即根据不同的对象、主题，在画面上确定位置，确定观察角度，采用竖向画面或是横向画面，写生对象在画面中的位置和容量大小比例等，这些都与要表现的主题思想有着密切的联系。

面对确定好的角度，影响构图的东西，在不影响总的整体关系下，可以将其省略或变换位置，使景物更完美。构图时首先要观察所选景色的特点。如地平线位置的高低、远近，必须观察细致，安排妥当，不能下沉，也不能过高、过满。

### 1. 构图方法

在构图时，应先确定地平线的位置。视平线是天空与地面的交界线， 也是画面上所有物体平行透视线的消失点所在。例如，在表现高耸的建筑物时，一般将地平线定得很低（图1-2-8），要表现广阔的田野时则将地平线定得很高，目的都是表现主体景物（图1-2-9）。

图1-2-8　地平线较低的构图方法　薛菲

图1-2-9　地平线较高的构图方法　宋雷

图1-2-10
画面中的主次、疏密表现
郝晶晶

画面上视平线的高低决定着画面天空与地面的构图比例。主体物是描绘的重点，应放在画面较中心的位置，并选择最佳的视觉角度，根据景物的不同采用竖幅或横幅构图。竖幅一般适用于表现高耸或深远的景物，如高山峡谷、高楼建筑等。横幅一般表现广阔无垠的场景，如海洋、草原等。有时因特殊需要，也可采用加宽、加高或方形构图，以加强或平衡某种视觉效果。

建筑风景写生对于具体细节刻画必须有适当的取舍，同时画面中的内容要有主次、虚实的变化，不能平均对待。一幅好的风景画，是作者通过对纷乱复杂的自然景物进行选择、取舍、移景及概括来重新组织画面的，渗透着作者的审美情趣（图1-2-10）。

**关键及要点**

初学者写生时，可选择相对简单稳定的场面或景物，如房屋、树木、船只，做单项练习，画幅不宜过大，构图不要烦琐，集中研究各种景物的结构特点、变化规律和有关表现技巧，然后再逐步过渡到大场面的组合练习。

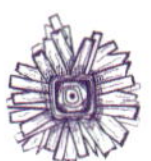

**关键及要点**

初学者在进行建筑风景写生时，经常画得比较平，或是散乱。画面平是因为没有分清景物的主次、远近，主体意识不强，没有考虑对视觉中心的安排。散乱的原因是没有进行整体观察，而孤立地进入细节的表现，使物体之间缺乏有机的联系，没有主次的罗列，不会进行取舍。

构图的安排与处理在风景写生的整个作画过程中是极为重要的。初学者可以多画小草图，进行不同构图效果的尝试。

## 2．建筑风景写生的构图形式

正三角形构图　这种构图形式有一种坚实稳定的效果，经常用来表现建筑物、树木、山峰等高大稳重的物体（图1-2-11）。

S形构图　这种构图具有韵律感，常用于表现弯曲的道路，蜿蜒的小河或起伏的山脉等（图1-2-12）。

平行线构图　平行线构图常有一种平稳、宁静、深远的意境，几条长短不同的平行线，逐渐归到远处的地平线上，给人以开阔、平稳的感觉。这种构图形式在风景画中较多（图1-2-13）。

图1-2-11
三角构图　雷雨

图1-2-12
S形构图　高志军

图1-2-13
平行线构图　薛欢

图1-2-14
垂直线构图　薛欢

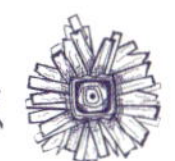

垂直线构图　这种构图给人以高耸、上升的感觉，常用于表现向上或向下的物体（图1-2-14）。

对角线构图　对角线构图会给人一种不稳定的感觉，经常用于表现山与水的交错、大面积斜坡上的物体等（图1-2-15）。

### 3．建筑风景速写构图

速写构图的训练，是为了提高选景构图的能力。到自然中去观察、感受、选景，经常作取景构图速写练习，是提高选景构图能力的有效途径。培养构图的能力，需要以下几个条件：一是通过绘画基础训练，具备美术基本知识和技能；二是对生活和大自然要有激情，要不断地进行写生实践、积累取景构图的经验；三是多欣赏风景画，帮助提高对自然风光的感受能力，并研究、借鉴风景构图规律和经验。进行风景构图速写，画幅不必太大，工具不受限制，每幅一二十分钟就可以完成。

图1 2 15　对角线构图　薛欢

## 实践训练

1．透视训练。一点透视、两点透视练习各一张，8开速写本。

2．构图练习。针对一处景色运用各种不同的构图形式进行构图速写训练。

# 1.3 观察方法

【学习目标】 掌握建筑风景写生中整体观察与局部观察相结合的方法，培养学生的观察能力，分析景物与造型的能力。提高学生对色彩知识的理解与运用。

【技能要求】 1. 建筑风景写生中对整体观察方法体会。
2. 建筑风景写生中整体观察方法与局部观察方法相结合灵活运用。

【工作情境】 地　　点：室外与绘图教室。
材料工具：绘图工具（铅笔、绘图笔等），绘图纸，水彩颜料、水粉颜料等。
表现内容：建筑风景单体表现。

## 1.3.1 整体观察

自然界色彩变化万千，正确的方法是整体观察，掌握画面的主调。观察整体，重要的不是去识别颜色，而是去识别色彩的关系，这种关系是在比较中得到认识的。

观察事物首先从色彩的调子入手，把固有色、光源色、环境色作为一个有机的整体全面进行比较。例如在写生的过程中有以冷暖划分的冷调子、暖调子，有以色相区分的红调子、蓝调子，有以明度区分的亮调子、暗调子，等等，如图1-3-1为不同色调感觉。

图1-3-1
不同色调感觉

在整体观察的过程中我们要理解景物的色彩，并进行概括与提炼，主动追求特定环境下整体的色彩效果，从而准确生动地描绘客观物象的色彩关系。

## 1.3.2 局部观察

在整体观察及处理画面的前提下进行局部的观察也是必要的过程，在写生中需要对某些局部色彩进行主观的处理，协调画面上的各种因素。

局部观察是对画面细节的处理，画面上不但需要整体处理得当，而且需要有细节的表现（图1-3-2）。

从整体关注景物的氛围入手，将视觉焦点集中在最感兴趣的物体上，特征、形体、基本图形一直到物体的表面质地，都尽量在观察的过程中记忆下来，不管到什么地方，画家的眼睛都需要带着一种审美的意识。见图1-3-3 建筑局部观察感受。

图1-3-2 建筑局部表现 薛欢

图1-3-3 建筑局部观察感受

### 实践训练

1. 用整体观察的方法做观察训练。
2. 用整体观察与局部观察结合的方法做观察训练。

# 1.4 色彩

【学习目标】 掌握色彩的形成变化规律，把握色彩的三要素原则，充分把握色彩的分类以及色彩的混合方法。

【技能要求】
1. 把固有色、光源色、环境色对环境产生的影响运用于建筑风景写生的画面中。
2. 熟悉色彩分类，灵活运用色彩三要素。

【工作情境】
地　　点：室外与绘图教室。
材料工具：绘图工具（铅笔、绘图笔等），绘图纸，水彩颜料、水粉颜料等。
表现内容：建筑风景写生中色彩的合理调配。

## 1.4.1 色彩的形成与变化

固有色、光源色、环境色是形成色彩关系的三个因素，三者结合在一起，相互作用，形成一个和谐统一的色彩整体，因此我们无论观察研究任何色彩现象，都必须以这三个因素作为依据，加以全面考虑。尤其在风景写生过程中，自然景物所处的环境比较丰富，受到这三种因素的影响也较为明显。

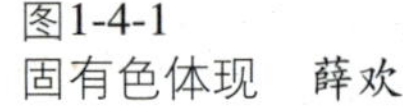

图1-4-1
固有色体现　薛欢

### 1. 固有色

固有色实际上是光的颜色，也是物体本身存在的颜色，所以也可以叫做物体色（图1-4-1）。由于任何物体的颜色都是对光源色吸收或反射而形成的，会因受到不同光源色和环境色等多方面的影响而发生变化，所以物体色本身并不是绝对的固有色。

## 2．光源色

光源色是指由自行发光物体所产生的色光。不同颜色的光源照射在物体的受光面上，会引起物体固有色的变化，并直接影响物体的色彩变化，使物体的色相产生变化。因此在不同的光源下事物所呈现的色彩也就会不同。在光线不断变化的外景中写生更应注意光源色的影响，如图1-4-2中光源色。

光源色分为两大类，一类是自然光，如日光、月光、荧光。另一类是人造光，如灯光、火光。写生过程中一般是面对不同时间段的日光。

## 3．环境色

环境色是描绘对象实际所处的环境的色彩，一切物体在不同的光源色与环境色以及空间距离等外界的条件影响下，产生的色彩变化，统称为环境色。写生时，所处的环境比较复杂，各种物象受到的影响也比较多，因此，重点就是要观察周围环境对固有色的影响，如图1-4-2中环境色。

光源色

环境色

图1-4-2　光源色和环境色

**关键及要点**

一般情况下，物体的受光部因光源色影响会改变其固有色，物体的背光部分受环境色影响显现暗部的反光，物体的中间部分直接呈现物体的固有色。

## 1.4.2 色彩的要素

色彩的要素是色彩表现的重要因素，即色相、明度、纯度。

### 1．色相

色相是指色彩呈现出来的本质面貌。只要可以相互区别，具有一个特定的色彩印象就是色相。每一种色彩都有其本身的个性特征和色彩性格。为了在众多的色彩中易于辨识，我们给予它们不同的称呼，如图1-4-3中火烧云，如图1-4-3中改变色相效果。

### 2．明度

明度是指色彩的明暗程度，是指色彩本身由于受光程度不同产生明暗变

低明度效果　改变色相效果　低纯度效果

高纯度效果　高明度效果　火烧云

图1-4-3　改变色相效果

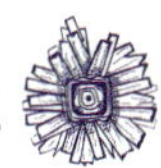

化。色彩会因为光线的强弱而产生明暗的深浅变化，明度最高为白色，明度最低为黑色。有色彩中，黄色明度最高，紫色明度最低（图1-4-3）。

### 3．纯度

纯度是指色彩的纯粹程度和纯净程度，即鲜艳度、饱和度，也就是所含物质的百分比。调入任何一种颜色，都会使原来的颜色纯度降低。明度强，纯度不一定就纯，明度弱，纯度不一定差，纯度越高越鲜明。没有任何杂色的红、橙、黄、绿、青、蓝、紫七种光谱的主色是色料中纯度最高的7种主色。灰色是纯度最低的色彩。纯度高的色彩给人感觉鲜明、艳丽，纯度越高色感越强；纯度低的色彩给人浑浊、朴素感。各纯色纯度最低时变成无彩色的黑、白、灰，其纯度为零。原色纯度最高，间色次之，复色纯度最低，如图1-4-3中高纯度效果、低纯度效果。

## 1.4.3 色彩的分类

### 1．原色

原色是任何颜色都不能调出的，是最基本的颜色，也叫第一次色。原色即品红、柠檬黄、湖蓝。这三原色等量配合成为无彩色的黑灰色，如图1-4-4所示。从三原色的原理来讲，任何颜色都可以由红、黄、蓝三色调配出来，但实际上因颜料的成分不同，有些特殊的颜色如群青、玫瑰红、金、银等色，用三原色是调配不出来的。

### 2．间色

间色也叫第二次色，是由原色加原色混合而成的，间色只有三种，即橙、绿、紫。由于两种原色混合的分量不同，可以产生不同色彩倾向的间色，如图1-4-5所示。

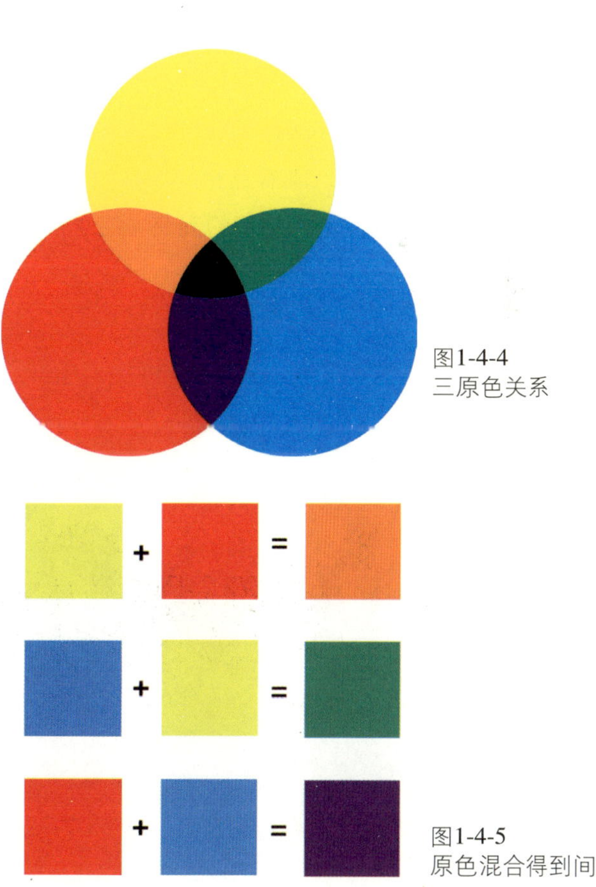

图1-4-4 三原色关系

图1-4-5 原色混合得到间色

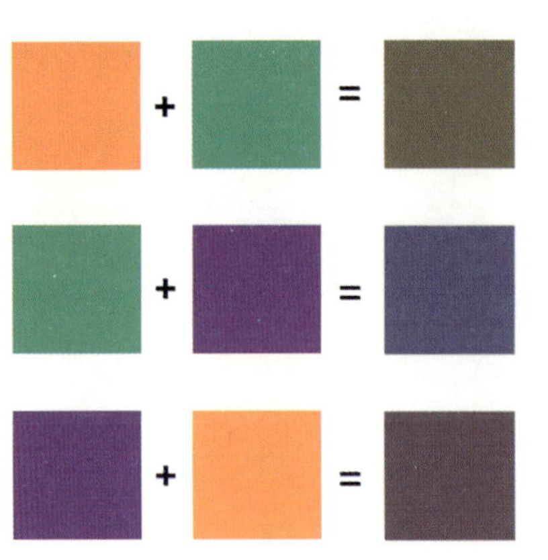


### 3．复色

复色又叫再间色或第三次色，是间色与间色混合而得的色，或三原色以及补色混合而成的颜色。复色在画面上能起缓冲与调和的作用，如图1-4-6所示。

图1-4-6　间色混合得到复色

## 1.4.4 色彩的混合

在颜色混合上有四种混合方法：间色互相混合、相对色适量混合、原色或间色与黑色混合、原色或间色与复色混合。

### 1．同类色

色相接近的各种色彩因有同一色素存在，这一组色彩称为同类色。在同类色中，既有色相的不同，也有明度和纯度的不同变化。同类色的变化在写生中是必须掌握的观察方法之一，如图1-4-7所示。

图1-4-7
同类色表现　薛菲

## 2．近似色

近似色指色相上比较接近的各种颜色，如红与橙，橙与黄，黄与绿等。近似色与同类色的相同点在于都在色相上有少量的相同色素（图1-4-8）。

图1-4-8 近似色表现 薛菲

## 3．对比色

对比色是指在色相环上的任何一对颜色的组合关系。对比色可分为强对比与弱对比，强对比主要是由强烈色彩或纯度较高的色彩组合而成，弱对比是由纯度较低的色彩调配而成（图1-4-9）。

图1-4-9 对比色表现 薛菲

图1-4-10 冷暖色对比表现 薛菲

### 4. 冷暖色

冷暖色是绘画色彩的重要特征之一。人们在接受色光的同时，往往会带上自己的感情色彩，这种色彩感情直接影响人们的作画情绪。当人们看到红、黄等色时会产生暖的、热烈的、膨胀的感觉，这一类色彩称之为暖色。看到蓝、绿等色时会产生冷的、平和的、后退的感觉，这类色彩称之为冷色。色彩的冷暖在画面中起着主导作用。如图1-4-10冷暖色对比表现。

**关键及要点**

我们追求的是从绘画的角度，用绘画形式、技巧去观察与表现色彩。具体地说是采用分析、对比的方法把色彩的冷暖情调表现出来。人们凭着视觉感到有的色看上去暖，有的则觉得冷，色彩有了冷暖才会感到跳跃、响亮，否则令人感到呼吸不畅。例如在自然风景写生中，太阳从东方刚刚升起，阳光照射部分呈现橘色或者玫瑰红，而背光部分就觉得偏冷，因为是蓝、青色；当到了中午时间随着太阳光照射的强烈，一切色呈现于统一灰色中，但暗部加强了。亮部呈现灰色加固有色，而背光则呈现出暖调来，但在明度上对比却强烈了。这说明色彩中对比是绝对的，而冷暖是相对的，人们只要掌握住对比关系，就不难看出冷暖的区别来。

## 实践训练

1. 分别用不同的明度、纯度、色相对同一幅风景图片进行不同内容的训练。
2. 进行三原色混色练习。
3. 用不同的色彩对比关系及冷暖关系表现同一景色。

# 单元2 建筑写生实践的表现方法

## 单元教学目标

### 知识目标☞

1. 通过实例讲解与图例展示，了解并掌握风景写生的空间表现要点，体会光色变化的规律并学习其表现的方法。
2. 掌握建筑风景写生中对不同景物的质感与形体表现的能力。

### 技能目标☞

1. 建立建筑风景写生空间表现的工作任务，寻找对空间的理解与表现方法。
2. 学习建筑风景写生中不同质感与形体的表现。
3. 对建筑风景写生中不同景物的表现进行练习。

# 2.1 空间表现

【学习目标】 掌握建筑风景写生的空间表现方法，结合透视原理在二维的空间上处理好远景、中景、近景的三度空间关系。

【技能要求】 1. 能对远景、中景、近景进行不同力度的表现，以体现空间关系。
2. 熟悉风景写生中空间层次表现的处理办法。

【工作情境】 地　　点：室外与绘图教室。
材料工具：铅笔、钢笔、绘图笔、绘图纸、颜料等。
表现内容：建筑风景写生中近景、中景、远景的结合表现。

风景画中表现空间效果，主要有两个因素：一是透视，透视是表现空间的重要因素。没有明暗调子和色彩，只用线画出景物的透视，也可以表现出景物的远近空间和立体效果；二是明暗与色调变化，由于光与大气层对景物的影响，而产生的明暗与色彩调子的变化，给人产生空间感。在色彩画中，研究明暗调子和色彩与空间表现的规律是十分重要的。

图2-1-1　近景表现　雷雨

根据景物近、中、远三个空间层次，景物的形体、色彩、明暗调子的视觉感，在互相比较的情况下，可以归纳以下一些特征：

近景　轮廓与结构关系比较明确，细节也较清楚，形体比较大，体积感强，色彩丰富鲜明，纯度较高，明暗对比强（图2-1-1）。

中景　与近景相比较，形体轮廓与结构关系减弱，细节模糊，色彩纯度降低，倾向冷调，明暗对比变弱（图2-1-2）。

远景　景物形体轮廓及结构模糊，色调单纯统一，偏冷调；明暗对比逐渐减弱，立体感消失，给人以平面的感觉（图2-1-3和图2-1-4）。

大自然空间辽阔，层次繁多，要在画面上表现出丰富的空间层次，首先需要熟练地掌握

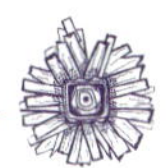

图2-1-2 中景表现 张跃华

图2-1-3 远景表现 薛菲

图2-1-4 远景表现 申丽霞

图2-1-5 近、中、远景的关系处理 李楠

有关透视的基本原理，运用近大远小等透视规律可加大画面的空间感。许多初学者往往注意规律型物体如房屋建筑等物体的透视关系，忽略了不规则型物体如云彩、山石等物体的透视关系，从而影响了画面空间效果的表达。

其次，要注意强调近景、中景、远景三个层次。写生时一般都将主体物放在中近景，并精心刻画，突出主体物。而远景则做虚化处理，使画面产生虚实对比（图2-1-5）。

**关键及要点**

在风景写生的过程中还应利用色彩透视原理来处理画面的色彩关系。根据近实远虚的视觉感受，近处的景物色相纯，而相比之下远处的景物色相减弱，色彩显灰。整个画面强与弱的色彩对比给人以强烈的视觉冲击，从而拉大画面的空间距离。色彩透视原理在色彩风景写生训练中运用非常广泛，只有很好地了解和掌握色彩表现的各种特点和规律，使自然美与艺术美有机地结合起来，才能产生鲜明、生动、富有魅力的艺术效果。

## 实践训练

1. 分别对远景、近景、中景关系进行表现。
2. 临摹优秀写生作品，练习空间关系处理。

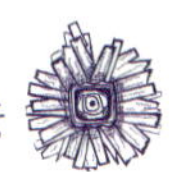

# 2.2 室外光线色彩的表现

【学习目标】 掌握建筑风景写生中光色变化的规律，了解不同时间、季节、气候的光色变化特点。

【技能要求】 1. 能区分速写与慢写，找到适合自己的写生办法。

2. 学会体会光色变化的差异，把不同的光色特点应用于风景写生的景物表现之中。

【工作情境】 地　　点：室外与绘图教室。

材料工具：绘图工具（铅笔、钢笔、绘图笔等），绘图纸、水彩颜料、水粉颜料等。

表现内容：对不同光色影响下的景物进行表现。

## 2.2.1 外光色彩的特点与规律

从室内写生转入到建筑风景写生，一个比较重要的区别是光与色的明显变化（图2-2-1）。通过风景写生，可以获知外光色彩的特点和规律，并掌握更为复杂而具有艺术表现力的色彩语言，所以外光写生练习是学习色彩的一个重要阶段。

与室内色彩相比，外光色彩的调子较丰富，一般较明亮，而室内的静物由于器物阴影部分色彩非常浓重，所以色调一般都比较沉暗。

从色彩环境色角度分析，因室内静物占有的环境空间有限，室内墙面的色彩反射比较集中单纯，所以能辨别出器物色彩的相互影响。而室外光景色，色光的关系非常复杂。晴天，产生色彩变化的最主要因素有四：一是光源的影响，景物受光部分会偏暖调，反映出阳光的色彩特点；二是偏蓝青色的天光反射，景物受到反射光影响的部位，偏冷调；三是受光地

图2-2-1　水彩建筑风景写生　薛欢

图2-2-2　外光对建筑物及环境的影响　薛欢

面的反射，受到这种反射的部位，必是接近地面的背光部位；四是物体与物体之间，一个物体受到另一物体阳光反光时，也产生暖调（图2-2-2）。

阴天写生，适合初级阶段的训练，对掌握画面的整体感与统一关系比有阳光的天气要容易。多云的天气比阴天要明朗，虽然没有阳光的直射，也具有明显的暖调色彩倾向，如图2-2-3为阴天的表现。由于气候的多变，有雨、雾、霜、雪等的自然景色，都具有鲜明的色调特征，且色彩单纯统一。如雨天是含灰的蓝紫色倾向的色调；雾天的形体被融化在雾中，天地一色，色调迷茫含蓄，另有一番意境；雪景是美术家喜欢描绘的景色，阴雪天色调纯净、素雅；晴天雪景，色调爽朗欢畅。总之，外光景色的色彩，丰富多彩。通过对各种景色的写生，可以大大

图2-2-3
阴天的表现　高志军

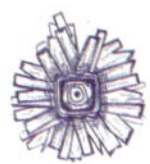

提高对色彩的观察力和表现力，从而丰富色彩的艺术语言。

## 2.2.2 风景写生中光色表现

通常情况下，早晨的光色较为柔和，色彩偏冷，色调和谐；中午的色彩冷暖对比强烈，受光部与背光部的补色对比明显；傍晚光色偏暖，受光部与逆光中的物体固有色极弱；夜幕中的景色灰暗，受月光与人造光的影响，可以采用灵活多变的色彩观察与表现方法，如图2-2-4所示为受不同时间影响的景色。

受季节的影响，一般情况下，春季万物复苏，花草树木萌发新芽，阳光温暖柔和，因此自然景物的色彩淡雅、亮丽；夏季树木茂盛，日照强烈，但色彩并不够丰富；秋季是丰收的季节，自然景物色彩丰富；冬季，花草树木枯萎、凋谢，自然景物色彩变化微妙。在不同季节的同一时间里，太阳的光照与时间不同，所形成的自然景观、色彩氛围不同，这样使自然的光、色、形及情景氛围多样化，在写生中应灵活掌握。

不同的气候也会明显地影响对光色变化。晴天的太阳光照条件好，景物的固有色明显、清晰，色彩对比强烈，整体色调明快；阴天的光照弱，天光偏冷，明暗色彩对比不明显，环境色也偏冷色；雨天的天空云层厚，使天空的色彩更加灰暗，景物轮廓模糊，对比弱；雾天景物的能见度低，朦胧，色彩不明显，色调为冷灰色。

图2-2-4
受不同时间影响的景色　薛菲

**关键及要点**

风景写生不像在室内画静物，我们面对的是一个光色多变的自然，春夏秋冬、朝夕昼夜、阴晴雨雾会产生不同的光色效果。因此，同一景物在不同的时间、不同的气候条件和不同的光照条件下，会给人以不同的视觉感受。掌握光色变化的规律，是我们进行风景写生的重要前提与基础。只要人们能看得见，也就应该能表现出来。19世纪法国印象派画家莫奈画塞纳河整整画了一生，塞纳河在他的每一幅作品中都是不同的。因此，写生时，我们不仅要研究、观察大自然中各种细微的变化，还要用心去体会，恰到好处地表现出不同光照下景物所体现出来的各种特有的情态氛围。当你掌握了一定的理论，并在实践中反复地运用、验证，便有可能充实，因此要不断地提高自己的感知能力和认识。

在正常光线下，自然界中的色彩，亮部偏灰色，发冷色，而暗部则偏暖，如：近处一棵树，亮部偏冷有灰色，而暗部则在绿色前提下偏暖呈现红色，或者赭石色。在远处，则一方面冷暖对比偏弱，比较统一，而暗部则又偏冷了，如：远山的暗部呈蓝色就说明了这一点。当遇到阴天、雨后时，大自然的色彩十分微妙、细腻，呈现一片灰色。但暗部却依然是暖色偏红，这就是冷暖色彩的体现。

为了达到画面中色调的统一，可根据风景情调选用灰色纸画阴雨景、日落等；黄色纸可画秋天，大地一片金黄色，红叶、黄叶；用灰绿色纸可画出夏季的浓郁的色彩。图2-2-5为受不同气候影响的景色。

初学者可结合不同的场景采用不同的训练方式——速写、慢写、默写。

图2-2-5
受不同气候影响的景色　薛欢

自然界中有许多景观如朝霞、落日、彩虹及马路上的车辆、行人等，往往是在一段特定的时间内存在的现象，一晃而过，这就需要运用“速写”式的训练方式一气呵成。这种速写练习，画幅不要太大，尽量避开过于烦琐的造型细节描绘而主要侧重于捕捉瞬间整体色彩关系的组合（图2-2-6）。对于相对稳定的景物，可采用

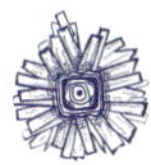

"慢写"式的训练方法。画幅可适当大一些，侧重于景物形与色的深入刻画和表现（图2-2-7）。为保持光景的一致性，一次画不完时，可于次日同一时间继续进行，这有利于对景物的深入研究及对表现技法的仔细推敲。有时遇见令人非常激动的景物而又不可能进行现场写生时，就只能靠"默写"了。准确的记忆依赖于对自然景物的深入观察与理解。默写是培养人的感知能力由直对自然向理性思维升华的一种有效的训练方法。

图2-2-6　速写表现　薛欢

图2-2-7　慢写表现　薛欢

**关键及要点**

观察色彩时不要总是盯着一个地方，而是看其周围的色彩。因为人们眼睛总是孤立地盯着一个地方，久而久之，色彩对比关系就转换了，这时只有与周围的色彩进行对比，才会把你所要表现的色彩很清晰地反映出来。

## 实践训练

1. 通过临摹，对不同时间的景色进行表现练习。
2. 通过临摹，对不同气候的景色进行表现练习。
3. 通过临摹，对不同季节的景色进行表现练习。

# 2.3 不同景物的表现方法

【学习目标】 掌握对建筑风景写生中不同景物的形体与质感表现的能力。熟悉各种建筑物与配景的表现方法。

【技能要求】 1. 能区分不同景物的不同特点，分别对待。
2. 熟悉各种不同景物的表现方法。

【工作情境】 地　　点：室外与绘图教室。
材料工具：绘图工具（铅笔、钢笔、绘图笔等）、绘图纸、颜料等。
表现内容：对不同建筑物及配景进行表现练习。

在风景写生中，所描绘的景色十分复杂，当具体描绘景物时，会遇到认识与表现的问题。每位画者对于自然感受不尽相同，在掌握与运用表现技法所产生的艺术效果时，也会迥然有异。在建筑风景写生的开始阶段，先对一些具体景物进行分析，再选择采用最佳的表现方法。在这方面注意积累知识与经验是非常有益的。

## 2.3.1 建筑物的表现

建筑物存在于环境中，能揭示建筑环境属性和地域特征（图2-3-1）。建筑立于环境，环境烘托建筑。具有艺术特色的建筑物，是建筑师创造精神的结晶，它可以体现一个国家、一个民族的文化、生活方式和经济水平。建筑物由于具有不同的形体结构形式和建材性质及肌理特征，会产生不同的审美反应。在形式上，现代的高层建筑，大都是垂直线条组成的方形或长方形，因此具有庄严的稳重感。钢材结构坚实稳健，气势非凡。中国古代建筑的特点，是向平面引申发展，显得对称、稳定、雄伟、庄重；一些中国式的园林，亭台楼阁，曲径通幽，而有东方情趣（图2-3-2和图2-3-3）。乡村中的农舍茅屋，黑瓦白

图2-3-1
建筑局部表现　薛菲

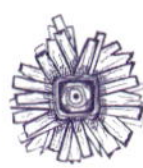

图2-3-2 古建筑巷道表现 王艳文

图2-3-3 古建筑巷道表现 郝晶晶

图2-3-4 整体感体现 薛欢

墙，具有简洁而朴素的田园风貌。各种不同的建筑物，在不同的环境配合与陪衬下，都可以富有意境与情调。如城市建筑与街道车辆、林荫道；水乡房屋与河道、航船、古桥；农舍与田野；以及渔村与海洋、船只、礁石、海滩等。

在写生中，画建筑物要注意以下几点：

第一，建筑物不管是一座或一群，都要着眼于大的基本形体的美感与结构（图2-3-4）。

第二，画建筑物不能只见门窗、瓦、墙等局部的小效果，而忽视了整体的大效果。

第三，在画建筑物时，要表现出它的稳定感和庄重感，而不能显得平板轻薄。

第四，要仔细观察形成建筑物主体效果的各个形的变化和组成建筑物中垂直的、平行的，以及斜向的直线和曲线与体面结合的情况。

第五，正确表现出各种建筑物的形体与色彩特征。如古建筑及园林中的亭台楼阁，一般都是屋顶大、屋角翘、屋身小、木结构，色彩多为沉着的红色调，具有古建筑物独特的美感（图2-3-5）。

透视对于表现建筑物形体和空间的重要性是不容置疑的。画结构复杂的古老街道和建筑物，透视就显得特别重要。 在写生时，对这类

图2-3-5 红色调古建筑表现 雷雨

以建筑物为主体的景色，应多花些时间，将稿子起得准确肯定，便于上色时有把握而不乱，从而把连接在一起的房屋群和小街的形象、深远感表达得充分而生动。表现远近不同环境中的建筑物，近处要着眼于形体和结构的刻画，远处主要画出外形美的特征就可以了。

### 2.3.2 水的表现

海洋、湖泊、江河、池塘在风景画中是经常出现的。水的特性是流动、透明，给人以平面、深远的感觉。风景中水的颜色是最不固定的，它受气候、光线、环境和天色的影响而产生变化。图2-3-6为水的表现。

水有结构、体量，有形有色。水的形象有静、动之分。流动的水，一般称为动水，如瀑布、涌泉。一般清澈的水，它的固有色总是带冷调；浑浊的黄色水质，固有色偏暖，呈黄灰色。不流动的死水或流动而受污染的水，颜色灰绿、紫黑，调子深暗浓重。如图2-3-7水的表现。不同的水质虽然有各自的色彩特征，但是水色与天色是直接相关的。在写生时，观察水色与天色的关系十分重要。天色亮还是水色亮（即色彩的明度关系），天色冷还是水色冷（即色彩的色性关系）；此外还要注意天色和水色的纯度差异等。

图2-3-6　水的表现　薛菲

图2-3-7　水的表现　薛菲

平静的水面如镜子，水中的倒影要根据表现对象的形来定，一般比较单纯，没什么变化，它的颜色主要是靠天的影响，天空蔚蓝，则水面碧蓝，天色灰暗乌云翻滚，则水面也是铅灰色。平静水面的远近水色，也具有不同的明度与冷暖。细微的区别，对表现水面的平远和空间深度有重要作用。

不平静的水波和倒影都具有流动感，表现时或是线条轻松自如，或是色彩明快。

水中的倒影与实物有联系又有区别。倒影的表现，会增添景色的美感。平静清澈的水面如镜，倒影形象清晰；在微波的水中，倒影破碎，形体拉长；有风的天气和有急浪的水面，倒影不明确。景物倒影的色彩，与景物相比，要趋于单纯统一，多为中间调子，没有很深暗与明亮的色调，色调一般偏冷、对比弱、色纯度低，即冷、弱、灰。倒影如用湿画法，颜色自然交接融合，便会显出倒影的效果。

## 2.3.3 天的表现

大多数画面视平线不是过高的建筑风景画面，都会画到天空（图2-3-8）。天空是表现时间和气候的重要因素。天在画幅中产生舒展、深远、空旷的效果。天上的云彩和天色也千变万化，画中天色相同的情况极为少见，不同的天空色彩给人不同的情调和意境。

图2-3-8 天的表现 高志军

天色是画幅中最远的色彩，要有深远的空间效果。晴天白云，使建筑物显露在强烈的光照下，耀眼夺目。蓝、青等色是画天色必不可少的颜料，当然需要经过调配，使其符合实际情况。但是，接近地面或远山的天色，总带有偏暖的紫灰色倾向，所以天色在大多情况下是上冷下暖，上暗下明。天色与地面相接连的景物色彩有关，天色常产生补色关系。晨雾晚霞，建筑物在绚丽的彩云中，稳重深沉。灯光夜景之下，建筑物有繁花似锦之趣或安宁感。认识并描绘出这种色彩倾向，可以加强色彩效果，使画面更加丰富生动起来（图2-3-9）。

图2-3-9 天色表现 张跃华

天色有时要画得单纯，有时可以

图2-3-10　天与景物的关系　张跃华

画得丰富，这决定于画面整体效果和主题表现的需要。但在一般情况下，天空虽然在建筑画上占的面积较大，但起着陪衬的作用，不宜画得过于突出，过分渲染，而失去深远的空间。在画比较单纯的天色时，在用色和笔法上要有变化，不可调好一个颜色，毫无变化地左右涂刷，以免导致画面效果单调与呆板（图2-3-10）。

**关键及要点**

天空中的云彩总是构图中必须考虑的因素。云的形状，色彩变化丰富，美丽而有情调，不同季节、气候、时间、光线的条件下，云彩各有不同的特点。云彩有动势与静态，有厚有薄，有远近透视，有平面立体等变化。云的色彩，虽然大多比较明亮，如与天色或地面色彩相比，也有色彩的不同倾向。云彩可以给人们清淡、浮动、浓重、深沉、单纯、华丽等多种不同的感受。但是，无论如何云彩不可能具有地面景物那样的充实感。

薄云，总是轻盈浮动的，只有夏季雷雨前，乌云压顶的云层才是浓重深沉的。所以，在一般的情况下，画云都使用明亮清淡的色调或中间色调，可多加水分，以利于表现云彩的轻柔感。形较明确的团云，可用较浓重的色彩来表现。晴天的白云，不一定是纯白的颜色，它与阳光照射的白墙相比较，反而显得灰暗，这需要从整体上去比较观察，才能认识这一色彩关系。

## 2.3.4 树的表现

树是自然景观中重要的内容，也是风景画中被经常选取的题材（图2-3-11）。树木是具有生命的特征，给人们的生存环境美感和精神的愉悦。因此树木的表现不能概念化或无生机。树的品种繁多，其形体特征和结构也各有不同；由于树龄的不同，树木的形象可谓千姿百态。随着季节、气候、光线、时间的不同，以及与周围环境的结合映衬，树的色彩更是丰富而美妙。有很多画家甚至把树作为终生研究和表现的创作主题。

### 1．树的基本特征

以立体几何的形态可概括为球体、椭圆体、半球体、锥体、多球体、竖向多椭圆体、横向多椭圆体（图2-3-12）。

### 2．树的形态结构

树干的形态有直立、弯曲、并立、丛生等（图2-3-13）。

树枝的形态有向上、向下、水平、下垂、向四周放射状生长，也有向上下仰俯、向左右延伸、前后互相穿插。树枝的表皮也具有不同的特性，有的树皮是鳞状，有的树皮起翘，有的树四周长有似纱布的皮。

图2-3-11　树的表现　薛菲

图2-3-12　树的形体　薛欢

图2-3-13　树的形态结构　郝晶晶

图2-3-14　树的表现　王艳文

树叶的形态有对生、互生、丛生三种，有向上、向下或向四周生长等形态。

树木都由枝、干、叶组成，不同的枝、干、叶组合成不同的姿态。在写生时要对树木的形态进行归纳，找出其特征，并对它的形状、比例、结构、透视等关系进行总结（图2-3-14）。

### 3．树的观察及表现方法

图2-3-15　树的姿态表现　张跃华

近处的树写“形”，远处的树取“势”。从树的特征入手控制大形，把握细节。用色彩表现时，近处的树画的要具体，色彩偏暖，枝叶可用小笔点，树枝要勾得巧而自然。其次是要画出树的质感，按其树种的不同选择用笔。如阔叶树可用笔点，而针叶树则可以采用蹭的方法，但表现方法不可过于概念化。画时应由暗部到亮部进行，注意疏密、空间、虚实等关系，画出树的立体感。

树除了外形美，还具有体态美（图2-3-15）。画树的循序：可先画主干，确定树的姿态；再根据树的外形画叶丛；然后再加小树枝，使主干与树叶联成整体。小树枝在叶丛的底面暗处，受光少，色浓重，主干周围树叶少，叶丛中往往透出空隙，透露出明亮的天色或后面的景色（图2-3-16）。这些空隙一般在树干周围，如是明亮的天色可以空出、画出、洗出或用刀刮出。画多棵树在一起的丛树，要注意整体的外形美和聚散关系，大小、曲直姿态要安排得体，使之互有联系、呼应、对比、衬托的整体效果。同时，为了形式的完美，可以作艺术加工处理，如调整树之间的距离、高低、大小、曲直姿态等。画枯枝丛，不必一根根去细描，要概括地去观察，画出枯枝丛的色调与感觉即可。如图2-3-17中树枝的粗细、曲直，表皮的质地、色泽，树叶的茂密、稀疏，不仅体现不同树种的特征，也显示出苍老与幼嫩的树龄特征。树与其他生物一样，也有从幼苗成长至茂盛、衰老、枯死的过程。只有通过非凡的观察力，才能去认识并表现这些形象特征，使作品具有艺术的感染力（图2-3-18和图2-3-19）。

图2-3-16
树的水彩表现　张跃华

图2-3-17
树的表现　张跃华

树的色彩，受季节、气候、时间与光线和固有色等因素影响，不能只使用一种绿色来表现不同的树色。要认识树的色彩，与观察所有的色彩现象一样，不要孤立地看一点画一点，要从整体去比较着画，才能区别同类色中丰富的色倾向。

以空间关系看，绿色的树如处在远处，树会与周围景色一样，被罩上一层含白粉的带蓝青的冷色调，成为含灰的蓝绿、青绿或灰绿等色相。这种树的空间变化，应联系起来观察，可以很明显地被认识到的。其他的任何景

图2-3-18　树的表现　张跃华

图2-3-19　树的有色纸与色粉表现　雷雨

物，也都同样体现这一空间色相变化的规律。树的色彩以绿色调占多数，尤其在春夏季节。但绿色经常需要用冷色或暖色来调配，使其产生丰富的变化。绿色包含黄与蓝两个色素，黄色可以有柠檬黄、中黄、土黄、橘黄等不同冷暖的性质；蓝色类也是一样。这样经调配后的绿色，变化就非常丰富，若稍加暖色类的颜色去调复色，就会产生更多的含灰的有变化的绿色（图2-3-19）。

画树丛要做到“乱中求整，繁中求简”，突出主体部分的树，其他的树概括处理，远处的树只做陪衬对待。根据树木近、中、远三度空间的头饰变化进行虚实处理，也是表现空间干的一种方式。

由于树的形体不像一座建筑物那样具体明确，初作写生时，对于不同品种、形态各异的树，往往感到困难很多。但只要经常去观察研究，认识树的形体结构与色彩的变化特点，在不断写生实践中，便可以掌握其表现规律的。以下是一些特征明显的树的形体与表现方法的简单介绍，以供参考。

图2-3-20　宝塔松

宝塔松　基本外形呈宝塔形，树体主干较外露，叶从四周向外伸时枝干向下倾斜。在表现这些特征时，根据树枝的下垂、倾斜、长势和枝叶疏密、长短的状态，表现要自上而下虚实结合，画出其基本形和结构特征，然后点画出深重的暗部和受光部分的色调。特别要注意下笔画枝叶时，要保留树身主干周围与向外或向下外伸的枝干间透出的空隙，使树显得有空灵感。宝塔松为常绿树，树色比较浓重沉着，用色彩表现时常使用深绿及蓝青等明度较暗的颜色来表现（图2-3-20）。

乌桕　树干坚实多叉，叶子呈点状。在深秋时节，乌桕叶色彩斑斓绚丽。乌桕树的叶色，受阳光照射的朝南半边，叶色红得早，落得快；朝北边的树叶红得迟，红黄之间，尚存许多绿叶。红叶由红紫、赭、黄等许多暖色组成，与其中的绿叶形成补色对比，色感鲜艳强烈。树叶呈点状，所以可使用点子画出叶子的疏密与色彩，表现方法与效果与画其他树完全不同（图2-3-21）。

水杉　水杉也呈塔形，但叶丛比较茂密，其形体与宝塔松相比，更呈现有规则的圆锥体形状，可以理解成用画圆锥体的方法画出其立体感，但也不能画得太实，笔法要随意自然，画出枝叶的松紧、疏密状况。水杉冬日叶落，枝干茂密，画枯枝树体，可用枯笔擦或用多水分的色彩渗化等技法，画出枯枝繁多的感觉即可，而绝不能用小笔一枝枝去描绘。树色夏日浓绿，到深秋逐渐变黄褐、红赭，在阳光下灿烂夺目，可与乌桕红叶媲美。到了寒冬，叶落枝干的色调呈灰褐暖调，在冬季景色中，树色在阳光下与周围环境显得谐调而鲜明，十分悦目（图2-3-22）。

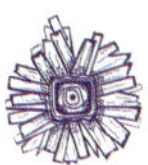

图2-3-21 乌桕

图2-3-22 水杉

香樟 常绿树，树圆浑，叶丛成团，有厚重饱满感。春季，新生的幼嫩树叶，色彩呈黄绿色调，其他季节，树叶虽都倾向绿色，但有纯度、冷暖的区别。香樟与乌桕的体态截然不同，形成胖与瘦的对比（图2-3-23）。

垂柳 这是一种象征柔情的树，形体呈弧形，树枝下垂，树身枝干多姿多态，生长在湖畔河边，微风拂岸，枝叶依依摇荡，别有一番情调。初春时，柳枝含苞，色彩鹅黄，春意无穷。至暮春，柳枝才茂密浓重，浓绿成荫。垂柳由于树龄的变化，从幼树到老树，树的体态各异。画垂柳，根据树的枝叶状况，用大笔概括树的形体，笔法可以从上到下，收笔时要稍将笔提起，有上实下虚的笔意，表现出垂柳丛枝末端参差不齐的真实感。色调可单纯，一棵树几笔就可以表现出来，最后用小毛笔在叶丛中画几根枝干，将叶丛串连起来与大的树身统一为整体（图2-3-24）。

图2-3-23 香樟

图2-3-24 垂柳

柳树的形体虽不太明确，但大多可理解为球体，或覆盖的半球形，或竖立的圆锥体。树的结构，主要通过枝干与叶子关系体现出来，树枝与树叶要穿插得体，主干在树体之中分枝，决定树的曲斜体态，枝干向四方伸长支撑树叶，树叶生长在四周。画树干不能与树叶脱离，树干应在叶丛的阴暗部位。

## 2.3.5 草地和野花的表现

在风景画中如何表现绿色，是极为重要的。首先画出草地的感质，整体中求其变化。近草、远草要画出透视。画草地要整体，有远近，可采用大笔先画一遍。然后随着画画进展，逐渐采用较小的笔，可利用笔的平笔尖涂色，一遍一遍地画。越画层次越多，越接近完成，近处要表现得具体（图2-3-25）。

至于草地上的花朵，可按其形和色画出远近来。花，画得朴实而生动，不可概念化（图2-3-26）。小草成片，可用大中笔的平尖笔锋去表现，可一层层地画。这样绿茸茸的草地方可表现出来，草地与野花要画出泥土的清香与花草的芬芳来，要画出“野味”。当画面结束时，可以唤起人们对大自然的神往。常画草地野花也可陶冶人们的心灵，净化其情感，表达其神韵。

图2-3-25　杂草表现　雷雨

图2-3-26　花草表现　王艳文

## 2.3.6 山的表现

在写生特定的环境中，山脉是配景中会出现的内容，一般都作为远景，虽然不是主体物，但它可以体现空间，衬托前景，丰富色彩，起到了加强主题的表现的作用（图2-3-27）。

山在作为显要环境处理时，可刻画其立体感，山势外形形成连绵起伏的锯齿状，显示出远山形象的风貌和气势（图2-3-28）。建筑物切记不可安置在两个山峰的中间，而应置于其中一个山峰制高点的一侧。山影响建筑物高度时，可主观把山压低，以突出建筑物。

远景的山脉，其明暗层次可以适当简化。有些远山的山势，线条起伏是十分优美的，它的轮廓是直线与曲线刚柔结合形成的，远山的蓝灰色调十分统一，给人的感觉是优美而庄重。不注意远山的山势起伏的美感，就必然会画得概念化，单调乏味，很容易画成有规律的锯齿形或波浪形。山的脉络应体现出山的结构（图2-3-29）。

不是太深远的山体，要抓住它主要的结构线、面，与外形紧密结合，用色彩的冷暖变化表现出凹凸起伏感，就会产生悦目动人的效果。

图2-3-27 山的表现 薛菲

图2-3-28　山的表现　李楠

图2-3-29　山的表现　雷雨

## 2.3.7 人物的表现

在建筑场景中人物虽然不是重点，但人物可以起到画龙点睛的作用，人物的色彩能补充画面色调和调和补充的作用，也能使画面生动，显示建筑物的尺度，暗示建筑物的功能以及烘托画面的气氛，因此，人物是不可少的（图2-3-30）。

画人物可先把上身的颜色点好，再点四肢，根据比例再点头部，不要把头部画大，同时还要表明背面的发色或正面的脸色的区别。重心是人体的重量中心，画时要使人有稳定感就表现在重心上（图2-3-31）。人体姿态不断变化的同时，重心也在不断变化，使人体处于平衡状态。人多的情况下，画双腿要凭感觉，要画出动势，多观察人走动时双腿的变化特点。画腿不画脚是可以的，因为人物小，从比例上讲，脚的大小已是微不足道了。不画脚，在视觉上仍要感到它是存在的。

人物的色彩完全由作者主观决定，实际对象的色彩只作参考。人物色彩

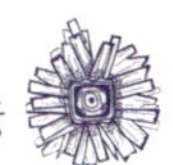

的考虑，要根据画面的总体需要，可以与环境形成对比，也可以比较调和。一般人物的色彩，常画得鲜艳跳动与整个画面形成对比，产生画龙点睛的效果，但也不能五颜六色画得太花，失去协调统一感。人物色彩如要画得有变化，可以用不同纯度冷暖的同类色画两次。

画人物常出现的弊病是：有多个人物出现时，不敢互相重叠起来，以表现出前后关系和疏密关系；透视上较多的会出现远近大小无区别的现象；人物比例动态上的头大个子矮或细长，体态笔直而无动势等（图2-3-32）。

图2-3-30
有人物的街景
薛永德

图2-3-31
有人物的水彩风景　薛永德

图2-3-32
人物在景色中的比例控制　雷雨

风景画中，还会出现动物，如家禽、牲畜、飞鸟等，只要掌握其基本形体，考虑主题与构图的需要，都是可以在画面中产生效果的。

自然景色中的形象是十分复杂多样的，以上只是择要略加介绍，仅在写生时给予画者以启示与参考。

**关键及要点**

人体比例通常以头的长度为比例单位。我国人体的高度一般为7个半头长。人体比例没有绝对性，常规的成年人体比例如下：

人体站立比例约为7个头长，坐姿比例约为5个头长，席地而坐约为4个头长，手臂约为3个头长，前臂约为1个头长，手约为半个头长，腿约为4个头长，大腿约2个头长。

## 2.3.8 地面与道路表现

图2-3-33
地面与道路的表现
王艳文

道路地面多为石子、石板等形象，因此在描绘时多用深色或浅色做平涂表现。有起伏的路面略加明暗处理，若是石子、石板路面则可以具体刻画（图2-3-33）。

在不同时间、气候的影响下，平淡无奇的路面能产生生动的形象。

## 2.3.9 雪地的表现

雪是北方人民引为自豪的景观，每当天空飘起纷纷雪花，银装世界，纯美无暇，自然会激起画家强烈的表现欲望。画雪景，首先要把银白色的世界画出色彩来，画出形象来。画雪景一般是画雪后景观，清朗天气，雪要画得干净，受着光照部分呈现略带奶白色，偏暖，而背光的部分则是蓝色的冷味（图2-3-34）。尤其是雪地上的物体投影，几乎是很纯的钴蓝色或群青色，雪地是白色的，然而它也呈现着丰富的色彩，有着冷暖对比关系。早晨，当东方太阳刚刚升起，银白色的世界会被染

上一层玫瑰红的色彩，就像一片童话世界。在具体描写时，一定要注意画出雪的质感来，画出厚度来。有些被积雪压盖的形体呈现出圆的、几乎没有棱角的形象，很美丽。阴天的雪景，颜色比较沉着、含蓄，是一种银灰色的调子，暗部依然偏冷（图2-3-35）。

图2-3-34
雪景表现　薛菲

图2-3-35
雪景表现　宋雷

## 2.3.10 街市风景的表现

画城市、街道风景，从观察到表现，与乡村自然风景是相同的，只是在情调上，人工味强些。街上的行人都要画得活，动态明朗，色彩跳跃、强烈，人物与建筑物比例要掌握好，对建筑物首先用线画好透视及轮廓，街道上活动的人群不能先画，待周围环境涂完色彩后，尤其是马路的色彩铺完后再画，人物虽然小，但动态要清楚、自然（图2-3-36和图2-3-37）。

闹市街景，突出一个"闹"字。画的时候，除了上述讲的一些要求外，有一点须要注意，那就是建筑物上的广告、灯线及天线等，必须要用小的细笔画，不能画得太笨，有的电线要画得笔断意连，画出细劲儿来，这正好与大块建筑物形成强烈对比，整个城市风景有闹也有静，有疏也有密，画的时候由上向下过渡画，也就是先画天空，再铺建筑物，街上行人要到最后时生动地点出来。

综上所述，一幅建筑写生风景画，必须要求真实，令人感到浓厚的生活气息，选取能引起人们美好联想的景色。不要一味追求形式上的新奇，不能把生活中真实的形象曲扭了。只有当你所描绘的风景画深深扎在了人们的心目中，被人们所理解，才是永生的艺术。

图2-3-36　街景表现

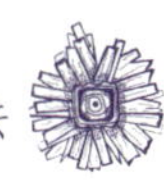

图2-3-37　街景表现　薛欢

## 实践训练

1. 通过临摹，体会各种不同景物的表现方法。
2. 在自然景色中针对不同建筑物及配景进行比较与训练。
3. 通过临摹，对不同季节的景色进行表现练习。

# 单元3 建筑风景写生的分类及表现步骤

## 单元教学目标

### 知识目标☞

1．先对自然景物进行观察，再通过实例讲解，让学生掌握建筑风景写生方法的分类，不同类型的工具材料运用和表现。

2．学会用各种绘画工具材料来按照正确的步骤进行建筑风景写生。

### 技能目标☞

1．完成建筑风景写生的钢笔表现技法训练任务。

2．完成建筑风景写生的水彩表现技法训练任务。

3．完成建筑风景写生的水粉表现技法训练任务。

4．完成建筑风景写生的淡彩表现技法训练任务。

5．完成建筑风景写生的马克笔表现技法训练任务。

# 3.1 建筑风景写生钢笔表现

【学习目标】 培养学生脑、手、眼相互协调的能力，增强对自然空间形态的理解能力，掌握钢笔画的造型能力及表现能力，提高学生的感悟能力和创新视觉形象思维能力。

【技能要求】 1. 熟练灵活地应用点与线不同的处理手法以及其产生的视觉效果和艺术魅力。
2. 根据要求分析场景选择合适的表现方法，并能快速而准确地表现出来。

【工作情境】 地　　点：室外与绘图教室。
材料工具：钢笔、单色中性笔，画纸，图片等。
表现内容：建筑风景写生钢笔表现。

钢笔画是一个比较古老的西方画种，传入中国已近百年，作为一种高品位、高价值的画种正在逐渐被人们所关注。近年来，钢笔画在中国呈现出蓬勃发展的新气象，我们不仅可以看到4开的小幅作品，还可以欣赏到2m多长的作品，甚至35m巨幅长卷，为观众带来许多惊奇与感叹。在这些钢笔画作品中，既有写生钢笔画，也有精细钢笔画，还有工艺装饰钢笔画、卡通钢笔画等，可谓门类繁多、内涵丰富。

## 3.1.1 钢笔画概述

钢笔画，从字面上理解，就是用钢笔作为工具来创作的绘画作品。最早出现的钢笔画所使用的笔，其实并非是钢笔，而是由羽毛、芦苇秆等非金属天然材质经削修后制成的蘸水笔。随着社会的发展及科技的进步，钢笔本身也是在不断改良和衍生的。钢笔画对使用的笔并没有严格的界定，钢笔、蘸水笔、针管笔、签字笔、一次性水笔等笔所画的画，都可以称之为钢笔画。就其表现形式来看，钢笔画就是用单一颜色来塑造形象，也可称为黑白画，属于素描的一种。

钢笔画最早见于欧洲的建筑庭院设计草图中，也是目前设计师常用的表现方法之一。建筑师、设计师常用钢笔作速写来搜集资料或勾画草图。钢笔画笔调清劲、轮廓分明、绘画工具简单、便于携带，可以随时练习、写生、记录，有其他画种无法与之媲美的便捷快速的表现特点，这也是钢笔画被建筑专业广泛采用的原因之一。

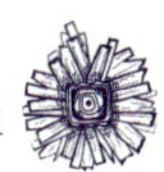

## 3.1.2 钢笔画的工具与材料

图3-1-1
不同笔头的单色速写用笔

**笔** 拥有一支得心应手的笔是画好钢笔画的关键。常用的笔有书写钢笔、书法笔、针管笔、中性笔、记号笔、色线笔等（图3-1-1）。各种笔由于笔尖的软硬、粗细及弹性程度的不同，能画出不同的线条、不同的韵味、不同的绘画风格和效果。绘画者可根据自己的习惯、爱好以及所表现的对象特点尝试用不同的钢笔来作画，从而选用适合自己的笔。

**纸** 钢笔画对画纸的要求不是很高，只要是纸质坚实、纸面光滑，如铜版纸、卡纸、特种纸、相纸、牛皮纸等都可以用来作画。绘画者可以根据作画需要，选用不同类型的纸张，一般绘画者喜欢用制图纸、复印纸、描图纸、有色纸，这类纸纸张规格多样、经济、实用、标准、易着色，所以受到绘画者的特别青睐。

## 3.1.3 钢笔画基本技法

钢笔风景是一种单色画，然而由于采用不同的曲直、长短、纵横、大小的点和线，进行疏密结合，对比而又统一，最终给人以不同深浅变化的“色彩”斑斓的视觉效果。虽然只有黑白两色，却由于巧妙的组合，寓单纯于变化之中，在视觉上产生了丰富多变的感觉，体现了一定意义上的“黑白之美”，或是“色调之美”。

### 1．点的分析

点是钢笔画中最基本的表现要素。落笔成点，由于钢笔笔头形状不同，用笔的力度与走向不同，可以产生不同特征的点。排列紧密的点，色彩感觉深重、坚硬；排列疏松的点，色彩感觉薄浅、松软；圆形点感觉柔和；尖形点感觉硬挺。点的排列由疏到密产生渐变或过渡的色彩效果。见图3-1-2点线表现方法。

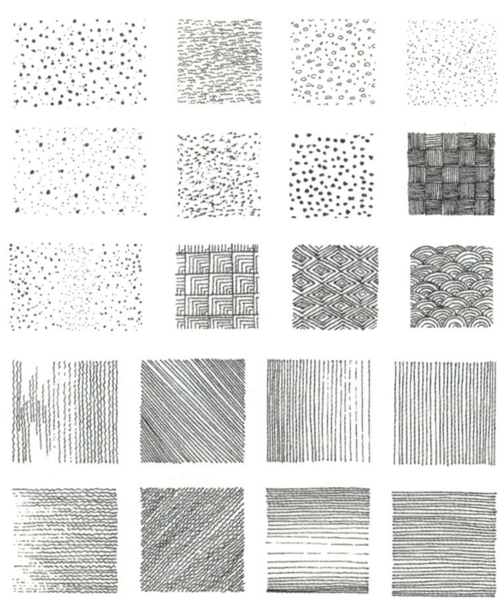

图3-1-2　点线表现方法

点的表现形式有所局限，可以用来表现细腻光滑的质感，或者在上色调时与线条穿插使用，可以丰富画面，增加画面的审美情趣和艺术魅力。

### 2．线的分析

点的延续形成了“线”，线是一幅钢笔画的灵魂。线条本身没有意义，只有将线条赋予形后，线条才更富有生命力。线条的粗细、快慢、虚实、顺逆、顿挫、连断、转折、颤动、方圆等能构成画面不同的明暗色调，形成层次丰富的画面，也可以表达不同的情感语言，这是钢笔画对线条质量的基本要求，如图3-1-3所示。

纵线高直，横线开阔，纵横线交织适宜表达层次穿插；直线刚挺，曲线柔美，曲直线结合刚柔并济，产生出鲜明的对比效果；密线浓重结实，疏线明快清朗，疏密组合线是钢笔画中应用最多的一种表现手段，疏密线条的应用能最大限度地挖掘线条的表现力和美感。

线条的应用与表现并没有固定的技法，只要达到线与形的和谐统一，便是线条最完美的体现（图3-1-4）。

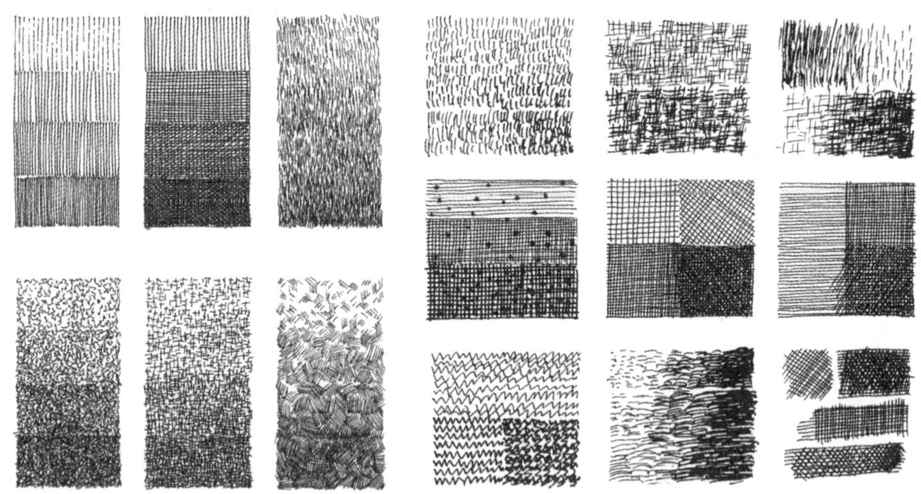

图3-1-3　点线表现　　图3-1-4　钢笔调子表现

## 3.1.4 钢笔画的几种表现方法

### 1．素描画法

顾名思义，就是以钢笔作素描形式的画面，通过线条、明暗、透视及构图等手段塑造具有一定空间感和艺术氛围的建筑风景画。它和铅笔、木炭

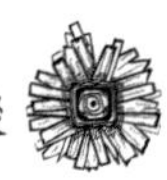

条素描一样力求真实，但建筑风景画适当简化了素描中某些层次的变化，通过概括手法突出主体建筑。钢笔用笔纤细，应用点与线的穿插组合成简洁的白、灰、黑三种色调，引导观者以联想来识别这些色彩所表达的内容（图3-1-5）。

素描画法写实性很强，对建筑物等规范化的物体，用线一定要挺直到位；对物象的造型、结构，尽量做到准确逼真。

图3-1-5
钢笔素描画法　薛欢

**第一步：构图起稿（图3-1-6）**

构图起稿的主要任务是确定布局，经营位置，根据取景、构思的需要，把握好构图的基本形式、空间透视关系、景物的主次与疏密变化，简略地画出景物的基本形，尽量准确地表示出透视关系。

图3-1-6
第一步：构图起稿

**第二步：从视觉中心入手进行钢笔表现（图3-1-7）**

按照近浓远淡、近实远虚的空间原理，划分出景物近、中、远景的空间关系，从画面中心入手渲染画面的氛围与主题意境。

图3-1-7　第二步：从视觉中心入手进行钢笔表现

**第三步：主体刻画（图3-1-8）**

主体物是风景画中的表现重点，它的色调变化最为丰富。它既可以增强画面的空间层次感，又可以烘托出画面意境。主体物的刻画，要准确把握它与周围景物的对比关系与协调关系。

图3-1-8　第三步：主体刻画

**第四步：深入刻画细节（图3-1-9）**

通过对近、中、远景的加强与减弱，突出画面的主次与疏密关系，深入细节刻画，通过点缀物的取舍，丰富画面的层次和氛围。

图3-1-9 第四步：深入刻画细节

**第五步：统一调整并完成画面（图3-1-10）**

调整画面整体关系，用线准确表现画面的明暗层次及光影关系，整体观察，整体处理，完善画面。

图3-1-10 第五步：统一调整并完成画面

### 2. 速写画法

速写画法，是在短暂的时间内敏锐捕捉对象鲜明突出的特征，并以简洁快速的手法所作的建筑风景画。寥寥数笔，把描绘的对象进行高度的概括。通常以单线为主，也可为了丰富画面，点缀以少量灰色块和黑色块。

速写画法讲究线条的流畅性和笔触的节奏感，力求做到笔力刚劲娴熟，不拖泥带水。通过线条的疏密、虚实，以及运笔速度的快慢、轻重，来表现画面景物的空间层次和形体间的关系，使画面呈现节奏和韵律感，以达到视觉的审美目的。

图3-1-11
第一步：局部到整体

**第一步：局部到整体（图3-1-11）**

在把握整体关系的前提下，从视觉中心入画，从局部到整体逐步推进。在此阶段一定要把握好画面的透视及虚实关系。

**第二步：主体表现（图3-1-12）**

主体建筑物和近景的结构在建筑写生中一定要交代清楚。通过对主体物和近景的刻画，表现出建筑的纵深感和节奏感，注重线条的变化与质感的表现。

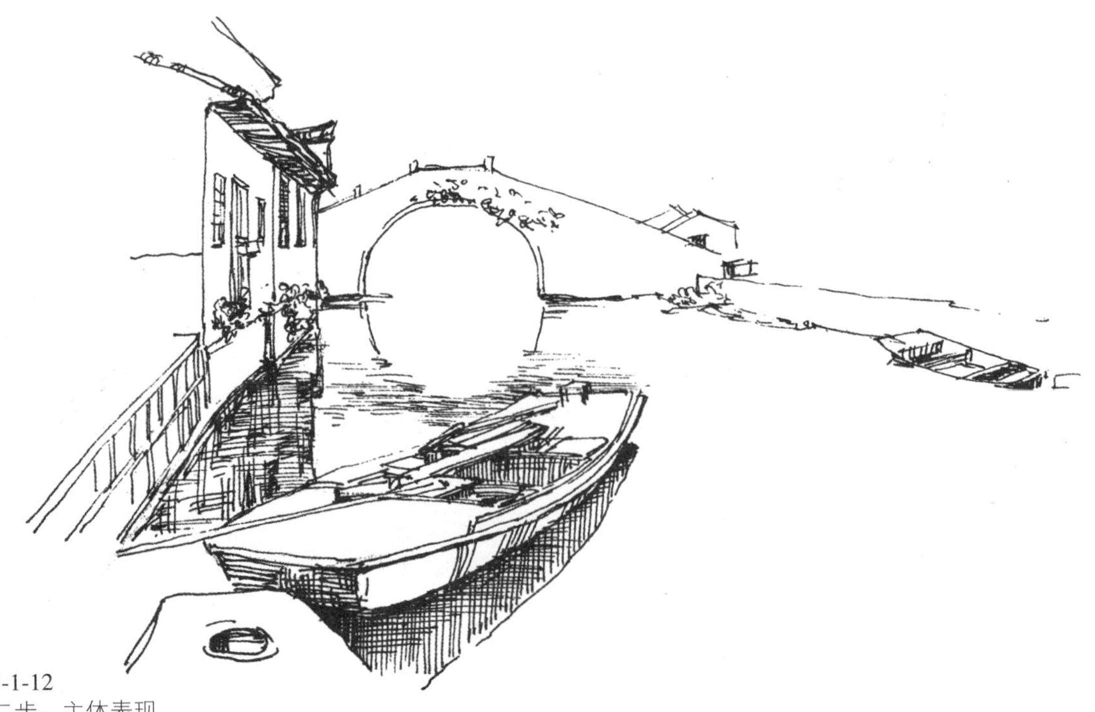
图3-1-12
第二步：主体表现

**第三步：配景表现（图3-1-13）**

表现具有对话关系的建筑周边环境。通过概括与取舍周边配景，如植物、人物，街道等的表现来反补画面主题。

图3-1-13
第三步：配景表现

**第四步：调整画面（图3-1-14）**

对照实景，找出视觉与画面表现的差异感。通过线条的排列与主次对比调整画面，修正主题，突出重点。

图3-1-14
第四步：调整画面

### 3．装饰画法

用装饰画法作钢笔建筑画，画面主次物象的造型结构概括洗练，简洁明晰。充分运用纸面的白底、线条、排线、点群等组成白、灰、黑三色表现物象，而大多用直线笔、曲线板仪器勾画，又以略带抽象夸张的形式，组成颇具装饰风味的画面（图3-1-15）。

图3-1-15
建筑装饰画　孙凤玲

图3-1-16
花卉题材装饰画法
孙凤玲

作为单色装饰画，画面上的白色、直线和黑块，彼此都作强烈的对照，为此，减少了素描画法中追求的复杂层次变化，达到极为醒目的境地（图3-1-16）。装饰画法无法固定的画法和手法，在白、灰、黑三色巧妙的组合中产生丰富的变化。

## 实践训练

1．参照图片或是实景写生，针对不同的点与线做实践性的表现练习。
2．应用素描画法做实景写生训练。
3．应用速写画法做同一实景的不同角度的写生训练。

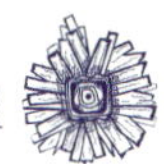

# 3.2 建筑风景写生水彩表现

【学习目标】 掌握建筑风景写生水彩表现工具的熟悉应用及表现步骤、方法的灵活运用。

【技能要求】 1. 能熟悉水彩表现的技法，掌握水彩的特点，运用合理的作画步骤完成写生任务。

2. 熟悉水彩表现的步骤与要点，学会用水彩进行建筑风景表现。

【工作情境】 地　点：室外。

材料工具：绘图工具、铅笔、水彩笔、水彩纸、水彩颜料、水桶、调色盘等。

表现内容：用水彩表现技法完成建筑风景写生训练。

## 3.2.1 水彩表现方法及工具运用

### 1. 工具运用

工具的选择对于一幅优秀作品的完成起着重要的作用，如果能够选用一二种所熟悉的纸和笔或颜料，对几种工具的性能，能很好地掌握和运用，才能制作很好的作品。水彩画所采用的工具是极其复杂的，可视习惯自己取舍（图3-2-1）。

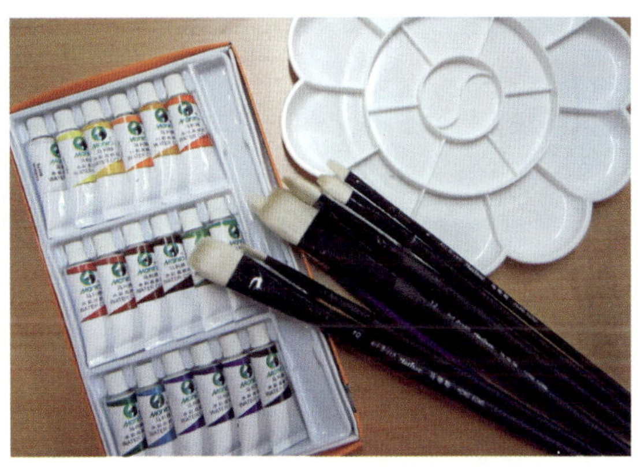

图3-2-1　水彩基本工具

调色盘　普通以十二格适宜，调色盒面积宜大，这是画水彩画必不可少的用品，须选用佳品。

洗笔筒　洗笔筒是画水彩的必需品，可选择盛水量较大但携带方便的新型材料制作的。

水彩画颜料　颜料分为湿色（图3-2-2）和干色（图3-2-3）两种，湿色呈膏状，以管装；干色即块色。这两种颜料在应用上各有利弊。湿色调色较为便利，适合于各种尺寸的画幅；干色更加易于携带，但在上色时需要调和颜料的时间较长，适用于较小画幅的作品。

图3-2-2　湿色颜料

图3-2-3　干色颜料

湿色内含甘油较多，当两种颜料相混合时，色彩不很透明，鲜明度不足，但是使用方便，是这种颜料的优点。干块色色彩更加鲜明，色相正确、明快、清澈，各色混合较为鲜丽，是干块色的优点。画者需了解各种颜料的性质，可以选择应用。

**关键及要点**

水分、时间、颜色是水彩画制作中成败的关键，不可疏忽。首先是水的问题，因为气候的关系或表现对象的质感关系，会用到不同的水分。室内写生与风景写生用的水不同，阴天与晴天用的水不同，精细与粗糙的水不同，冬天与夏天的表现作画时用水都不能相同。

**水彩画纸**　水彩画用纸种类很多，在选择应用时必须注意纸的成分。做水彩画纸的要求是纸面粗细适当，纸质坚实且稍微有吸水性，以不致影响颜色的明度最为适宜。有些水彩纸纸面粗糙，纹理有变化，质量坚实，着色时可以层层重复刷洗而不易变灰。又可以按纸的纹理表现事物的特质，使所表现的事物更为突出，是比较理想的画纸。也可以自制有色水彩纸。

**水彩画笔**　水彩画笔是一种特制的、作为水彩画而用的毛笔。各种国画用的大号依文笔，可以作水彩画用。也可用水彩画专用笔，分为平头、尖头、圆头等，材质以狼毫、羊毫所制的软硬毛质。笔头含水量很多，且易于表现线、点以及平涂等运用。狼毫笔毛质较硬，有弹性；羊毫笔毛质较软，无弹性。可以依据个人的习惯任意选择。较硬的笔适合初学者使用。笔最小的是1号，大到20号，一般需选取五六支，2号或3号笔需要准备一支，用于描绘细节使用。毛笔较易损伤，用后以清水洗净，平放保存。

底纹笔、排笔具有不同宽度，笔头扁平、毛质柔软，有一定含水量，可用于大色块的铺色，容易控制，涂色均匀而含蓄（图3-2-4）。

圆头狼毫笔，毛质软硬适中，富有弹性，适用于画面局部的塑造和细节的刻画。小号水彩笔有圆头、扁头和各种毛质，一般用来点缀细节与勾线，

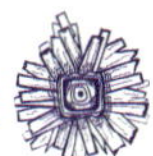

**关键及要点**

颜色种类极多，以下是一些常用色的性质供绘画时参考。

白色——白色偏冷，和其他色彩混合其色相被冲淡，色彩柔和。

柠檬黄——色彩透明度高，有深浅两种，不适合大面积单独使用。

土黄——土黄较为不透明，与其他色相混合，极易调和，是水彩画中不可缺少的颜色。此色不易起变化，不论单独使用或是和群青、普蓝等色混合，都会产生很雅静的色彩。

橘黄——是红色与黄色结合而成的色彩，是作秋景不可缺少的色彩。

赭石——不透明色，作秋色最广泛。此种色彩适合于绿色、紫色相混合。此色不易变色。这种色彩在枯木中较多存在，但是在一个画面上，不宜多用；用得过多，会有干枯、枯燥之感。

深红——透明度较高，易溶解，色彩较暗偏冷，色彩耐久性较弱，易褪色。

群青——半透明色，在水彩画上应用广泛，耐久。

钴蓝——较多用于天空色彩，透明性相对较弱，但有耐久性，色泽艳丽。

普蓝——透明性强，易溶于水，在水彩画上应用广泛，单独使用应降低纯度。

紫色——色彩较透明，不易单独使用。

翠绿——不透明，色彩艳丽。多用于调和暗部色彩。

玫瑰红——透明性强，易变色，不易单独使用。

毛不易过软。

**裱纸的方法** 裱纸是作画前的一种准备工作，在预备作画之前，应该把纸裱在画板上，为写生准备好条件。方法是用清水刷画纸的背面，平贴于画板上，四周用坚韧的纸条粘紧，或用纸胶带粘贴，此时

图3-2-4 辅助工具

纸稍皱，置于暗处，使画板阴干后异常平展。

### 2．水彩技法

干画法　水彩干画法就是多层画法，是最基本、最主要的方法之一，即在干的底子上进行着色，第一遍色干透后进行第二遍着色，正确的方法是将色块相加。

图3-2-5　湿画法

湿画法　是水彩画最典型的技法，能够充分发挥水彩的性能，表现柔和润泽的效果，具有感染力。湿画法是在湿的状态下进行。一种是将纸打湿，用色需饱满到位，用色遍数不能过多。另一种方法是将需要的部分淋漓快速地铺色，在一色未干时，溶入其他的色彩与笔触（图3-2-5）。

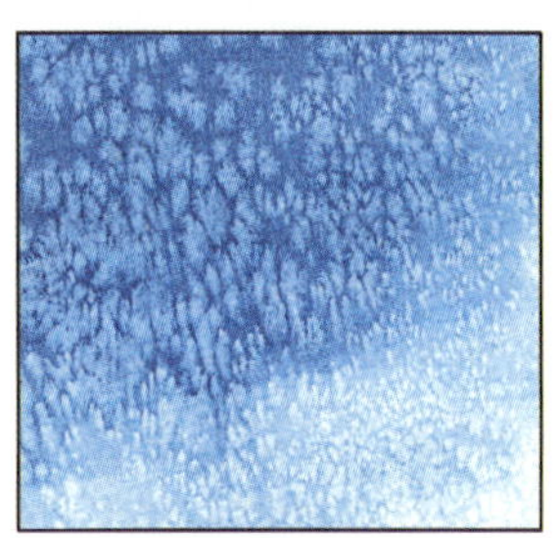

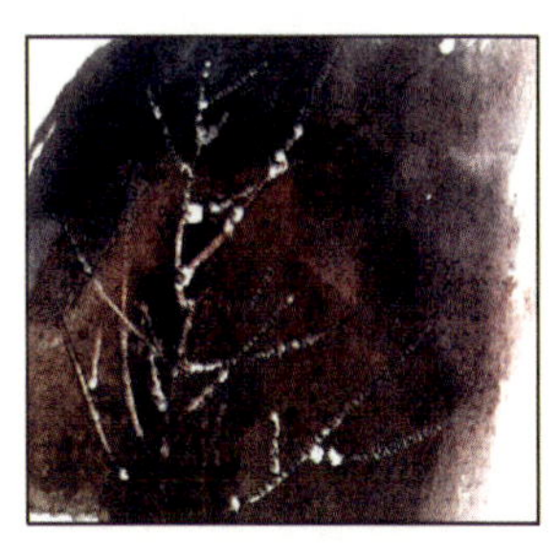
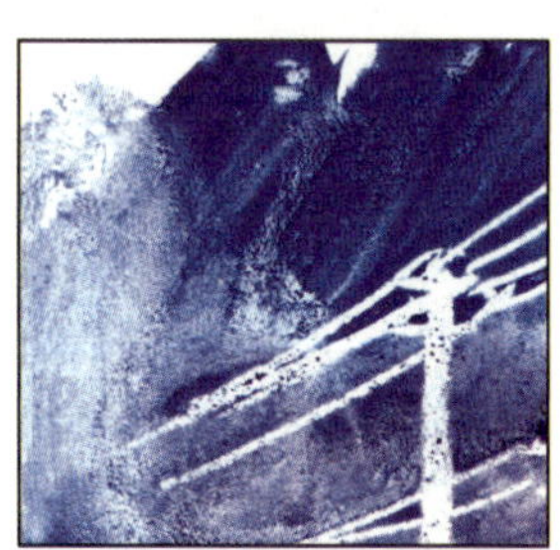
图3-2-6　特殊技法

### 3．水彩画特殊技法

水彩画特殊技法的目的是表现不同质感的肌理效果，以提高水彩的表现力。因此，肌理的训练方法是反复的实践，运用特殊技法丰富作品的视觉感染力。肌理制作形成的特殊效果一般是采用画笔之外的特殊手段来完成的。

最为常用的湿着色方法如喷洒法、泼洒法、冲流法；干着色方法有沾按法、刮色法；其次还有印色法、裱贴法、去色法等（图3-2-6）。

## 3.2.2 建筑风景写生水彩表现步骤

风景写生的练习程序应先从简单风景的描写入手，也应该有重点的练习，循序渐进。把室外所看到的建筑、天空、树木、山川等，分步描写，每种特质详细分析，力求掌握每种画法。然后再描写完整的画面，达到事半功倍的效果。

建筑风景写生入手练习时，应先做单色画、专门掌握水分，时间等问题，然后渐渐加入多的颜色，由两种到三种色，逐渐使用各种色，建筑风景画的画法大致如此。

**第一步：起稿（图3-2-7）**

确定最能引起强烈表现欲望的场景与景色确定主题，根据主题选择最佳作画角度，用铅笔或单色勾画出不同层次的基本位置，确定主要表现对象的外轮廓和结构特征，注意处理画面的主次关系及景物的形体、结构、比例的位置设置，确定准确的定位。

图3-2-7
第一步：起稿

**第二步：铺大体色（图3-2-8）**

为了掌握好整体的色彩关系，以最大的色块为起点，快速用大笔淡色确定画面的色调关系。

图3-2-8
第二步：铺大体色

**第三步：深入刻画（图3-2-9）**

用所需大小、形状的笔逐步刻画景物的细部和质感，在画面逐步深入的过程中，用干湿结合画法把风景中的主体部分画的充分、肯定。并用各种技巧去刻画和修正，使其成为画面中最精彩的部分。

图3-2-9
第三步：深入刻画

**第四步：整体调整（图3-2-10）**

这个阶段以观察比较为主，需要将画面中琐碎凌乱的部分进行处理，去掉多余、累赘的部分，使整体协调统一，并努力保持最初的色彩感觉。

图3-2-10
第四步：整体调整

## 实践训练

1. 运用干画法与湿画法结合进行建筑风景写生。
2. 由教师提供水彩表现的建筑风景画优秀范例，要求学生用正确的表现顺序进行临摹。
3. 由教师带领项目小组，用正确的顺序完成建筑风景写生的水彩表现练习。

# 3.3 建筑风景写生水粉表现及表现步骤

【学习目标】 掌握建筑风景写生的水粉表现工具的应用并结合水粉的多种表现手法，用正确的步骤进行表现。

【技能要求】 1. 能熟练运用水粉画表现的多种技法，掌握水粉颜料的特性，合理地运用于建筑风景写生中。
2. 熟悉水粉写生的表现步骤，学会用水粉颜料进行表现。

【工作情境】 地　　点：室外与绘图教室。
材料工具：绘图工具（铅笔等）、绘图纸、水粉颜料等。
表现内容：建筑风景水粉表现。

水粉表现建筑写生前需了解工具的性能与特点，这样才能充分利用其性能，得心应手地为画面服务，以达到艺术表现的理想效果。

水粉画是用水调合粉质颜料来作画的一种绘画形式。它是以水作为媒介，这一点与水彩画是相同的。所以，水粉画也可以画出水彩画一样的酣畅淋漓的效果。但是，它没有水彩画透明。它和油画也有相同点，具有较强的覆盖能力。水粉画的表现特点是处在不透明和半透明之间。如果在有颜色的底子上覆盖或叠加，那么这个过程，实际上是一个加法，底层的色彩多少都会对表层的颜色产生影响，这也就是它较难掌握的地方。但是，有经验的画家往往就是利用它的这种特性来表达水粉色彩自身的和特有的艺术魅力。

## 3.3.1 水粉表现方法及工具使用

### 1. 水粉色彩纯度与明度的局限性

水粉画在湿的时候，它颜色的饱和度很高，待干后，由于粉的作用及颜色失去光泽，饱和度大幅度降低，这就是它颜色纯度的局限性。水粉明度的提高是通过稀释、加粉或加含粉质颜料较多的浅颜色来实现的。所以，运用好粉是水粉画技术上最难解决的问题。

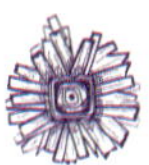

## 2. 水粉画颜料的个性差异

现代水粉画颜料是由颜料粉、胶液、甘油、蜂蜜、氯化钙和陶土调制而成的。水粉颜料有瓶装、锡管装两种（图3-3-1和图3-3-2），外出写生携带锡管装为宜。水粉颜料大部分颜色是比较稳定的，如土黄、土红、赭石、橘黄、中黄、淡黄、橄榄绿、粉绿、群青、钴蓝、湖蓝等等。但是，水粉颜料中的深红、玫瑰红、青莲、紫罗兰等颜色极不稳定，容易出现翻色，不易覆盖，要慎用。水粉颜色的透明色彩种类较少，只有柠檬黄、玫瑰红、青莲等少数几种颜色，要画好水粉画就必须充分掌握水粉各颜料的个性，了解它的设色能力的强弱、覆盖能力的大小、色阶的高低。

图3-3-1 水粉工具

图3-3-2 水粉颜料

**关键及要点**

水粉颜料调和一个色彩，最好是两种颜色相加或三种颜色相加(不包括白色)。不能漫无边际地把一支笔在调色板上随便乱触，因为一些颜色是本身就是复色，如熟褐、赭石、土黄等，它们含有黑色或三原色的成分，它们是绘画过程中常用的必不可少的几种颜色，如果用的不恰当就会很容易把画面搞脏、搞灰。复色加上复色，调出的颜色必然是灰暗，没有色彩倾向，因此两色相混合时，要注意保持以其中一色为主，特别是对比色尤忌等量混合，否则易成为较脏的灰浊色。另外调色是不宜多搅，不要像拌浆糊一样反复来回搅拌，颜色微粒搅拌的过分均匀就腻了，水粉色调多了还容易起泡，如果调色时略加调和，恰到好处，每一笔之间基本相同又略有变化，色彩就显的丰富多了。

## 3. 作画工具的选择

现在市场流行的水粉笔不外乎三大类——羊毫、狼毫及尼龙毛笔。羊毫的特点是含水量较大，醮色较多，不太适合于细节刻画。狼毫的特点是含水量较

图3-3-3　水粉画笔

少，弹性好，适合于局部细节的刻画。市面上大量流行尼龙毛笔，在选择笔的形状上，不同的种类都选择一些，如扁头、尖头、刀笔等，以备不同场合，不同题材的作画之需（图3-3-3）。颜料最好使用正宗美术用品生产厂家生产的锡管装的专业产品，它膏体细腻，色彩较饱和。在纸张的选择上，应选用有纹理的优质水彩画纸作画。

### 4. 水粉写生表现技法

**混合法**　即将几种颜色直接均匀地调合在一起，这是最常用的方法。

**空间混合法**　将几种颜色稍加调和，不使其完全调匀就涂于画面，这种调和法因笔上的颜色没有完全混合，一笔上有两种以上的颜色，通过色彩重叠混合，使画面达到丰富而活泼的效果（图3-3-4）。但是掌握不当会造成杂乱无章的感觉。

**并置法**　把不同色相的颜色基本上不加调和就直接并置于画面，混色效果靠同时对比来达到。如把黄色和兰色相间或交错地点画在一起造成绿色的感觉，而且比直接混合的绿色更鲜明。

**干画法**　多采用挤干笔头所含水分，调色时不加水或少加水，使颜料成一种膏糊状，先深后浅，从大面到细部，一遍遍地覆盖和深入，越画越充分，并随着由深到浅的进展，不断调入更多的白粉来提亮画面。干画法运笔比较涩滞，而且呈枯干状，但比较具体和结实，便于表现肯定而明确的形体与色彩，如物体凹凸分明处，画中主体物的亮部及精彩的细节刻画。这种画法非常注重落笔，力求观察准确，下笔肯定，每一笔下去都代表一定的形体与色彩关系（图3-3-5和图3-3-6）。干画法也有它的缺点，画面过多的采用此法，加上运用技巧不当，会造成画面干枯和呆板。但干画法的色彩干后变化小，对于练习色彩收效较大，也容易掌握。

**湿画法**　此法与干画法相反，用水多，用粉少。它吸收了水彩画及国画泼墨的技法，也最能发挥水粉画运用“水”的好处，用水分稀释颜料渲染而成。湿画法也可以利用纸和颜色的透明来求得像水彩那样的明快与清爽。但它所采用的湿技法比画水彩要求更高，由于水粉颜料颗粒粗，就要求湿画时必须看准画面，湿画部位一次渲染成功，过多的涂抹或多遍涂抹必然造成画面灰而腻。但这种画法运笔流畅自如，效果滋润柔和，特别适于画结构松散的物体和虚淡的背景以及物体含糊不清的暗面。如发挥得当，它能表现出一种浑然一体和痛快淋漓的生动韵味。它的色彩借助水的流动与相互渗透，有

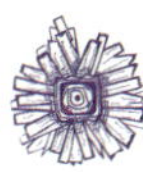

图3-3-4
混合法水粉风景写生
郝晶晶

图3-3-5　水粉画干画法　郝晶晶

图3-3-6　水粉画干画法

时会出现意想不到的效果。为制造这种湿效果，不但颜料要加水稀释，画纸也要根据局部和整体的需要用水打湿，以此保证湿的时间和色彩衔接自然。

*厚画法*　是接近油画作画技法的一种方法。画笔上颜色含水量少，用色干稠，在画面上反复绘制形成一定的色层厚度，甚至可以运用油画刀刮法直接堆砌，色层与色层反复交织，形成丰富的色彩效果。此画法画风泼辣、用笔大胆、造型坚实、覆盖力强、表现力突出，绘画中常用表现主体、近景、

**关键及要点**

干画法与湿画法的分界是以画笔含水量的多少来决定，一般人认为用粉及用色多了，画得厚了，就是干画法，是不准确的。因为必须是粉多、色多、水少才成为干画法。也有人认为粉少、画得薄就是湿画法，也是不确切的。只有稀释颜料用水多的情况下才能成为湿画法。因此，可以说有粉多的干画法，也有粉少的干画法。与此相反，湿画法也有粉多湿画法和粉少的湿画法。干画法和湿画法，二者在作画时应交叉运用，只是根据画面实际需要，有的湿画法运用多一些，有的干画法运用多一些。如果一幅画用水过多，全部采用湿画法来处理画面，就容易造成失控，使物体松散，并失去色彩光泽。同样，全部采用干画法，靠堆积的颜色和白粉不断加厚画面，就会出现死板、干裂和颜色脱落的情况，画面也难以长期保存。

亮部和中间调。在作画时可根据实际情况与薄画法结合起来画，这样厚与薄、干与湿形成一种强烈对比，一张一弛的审美节奏更能增强其表现力。

*厚画湿洗法* 就是将画得很厚的作品通过水洗，将底层颜色洗出来。可以作为肌理来表现石头，墙壁、泥土等，也可将它洗净透出一点点底色来表现云彩，流水等（图3-3-7）。

*薄画法* 是近似水彩画的一种画法。在水粉颜料中调入较多的水，使颜料具有透明或半透明的特性，尽量少加白粉或不加白粉，局部大面积颜色可以一次完成如天空、树林等，保持画面轻松、流畅、透明的感觉，当然，薄画法也可以与厚画法、干画法等结合在一起用，多种画法可以相辅相成、相得益彰。

图3-3-7 厚画法表现 张跃华

总之，干、湿画法只有根据作画步骤，由湿到干、由薄到厚的顺序合理运，才能发挥干、湿技巧的最佳效果。这是一般的作画过程所遵守的原则，真正运用还要在实践中根据画面要求灵活掌握。

## 3.3.2 建筑写生水粉表现步骤

### 1．范例一（图3-3-8）

**第一步：构图**

构图选定写生的对象以后，要认真探索构图，即如何将景色艺术性地布局在画纸上（图3-3-9）。开始，应将描写的对象看得非常简单，归纳成几块几何形。景物的主体部分是树，应位于画面的中心部位，和周围的天、山、房屋等景物，在构图上要有画面结构上的联系和衬托对比的关系。待大的布局确定以后，进行取舍剪裁，勾勒出景物的位置及形体的大轮廓。

图3-3-8　原图

图3-3-9　第一步：构图

**第二步：画远山与树**

如图3-3-10，一般情况下天色总是画面中比较明亮的色调，但如在晴朗的天气，天上无云彩，那蓝紫的天色必会比地面上明亮的色调暗。白色房屋的受光面，与天色的关系要有区别。如果天上有白云，也同样比白墙要暗。远山的色彩也是很容易画得过深的，只要天色画正确了，在调色盒中的天色旁边再调远山的色彩，就比较容易控制那微弱的色彩差距，天与山的色彩关系就可以画得较正确。远山色彩单纯统一，要用色彩的冷暖表示山体受光和背光的起伏变化，而不能用深淡来表示。

图3-3-10　第二步：画远山与树

图3-3-11 第三步：调色

图3-3-12 第四步：房屋调色

图3-3-13 第五步：深入刻画

**第三步：景色调色**

近山的色调较浓重，与远山有明显的色调差别，要少用白粉；笔法要有横直的变化，表现出山的气势与山体结构（图3-3-11）。树用深红、朱红、褐色及偏冷的紫色相结合，交替画出树色的大调子。注意外形的轮廓起伏变化和受光、背光的明暗关系。溪边堤岸上黄色的枯草坪，用土黄、白粉、钴蓝等色彩调配出冷暖和纯度不同的色彩，画成比较明快的暖调，与红树相映衬，具有秋意情调。

**第四步：房屋调色**

接着画房屋顶部，使色调明快又有变化，笔法可根据瓦楞的方向，自上而下并列地画，自然空出屋脊上的白线（图3-3-12）。白墙的某些部位，要画上带暖的白色，使整组建筑物明亮有温暖感。

**第五步：深入刻画**

作进一步深入刻画，草丛、山岩等，都要采取不同的技法真切地表现出来（图3-3-13）。树丛要进一步表现出枝叶的层次与穿插关系，调整外形并画出、或洗出、或刮出树丛中透出的白墙。点落叶要有疏密聚散的变化。用白色画出建筑物的最亮部分。最后，画面要作修改调整，使近景、中景、远景分明，有整体效果。

水粉画简便迅速的色彩造型手段，成为一种具有独特艺术魅力的绘画形式。水粉画具备了在

表现技法上兼收并蓄的特点，它既可以借鉴油画的表现手法，厚涂堆砌、覆盖叠加、擦点染。另一方面它又具备水彩画的透明响亮、挥洒自如、柔润淡雅的特性。水粉画本身具有鲜明、润泽、浑厚、天鹅绒的质感和特点，具有极强的表现力和可塑性，广泛应用于艺术领域。

## 2．范例二（图3-3-14）

图3-3-14　原图

**第一步：选景，单色构图起形（图3-3-15）**

图3-3-15
第一步：选景，单色构图起形

第二步：铺大体色调（图3-3-16）

图3-3-16 第二步：铺大体色调

第三步：从远景入手上色（图3-3-17）

图3-3-17 第三步：从远景入手上色

第四步：深入刻画细节，调整完成画面（图3-3-18）

图3-3-18 第四步：深入刻画细节，调整完成画面

## 实践训练

1. 运用干画法与湿画法结合的手法进行水粉风景写生。
2. 有教师提供水粉表现的建筑风景画优秀范例，要求学生用正确的表现顺序进行临摹。
3. 由教师带领项目小组，用正确的步骤完成建筑风景写生的水粉表现练习。

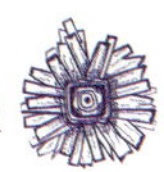

# 3.4 建筑风景写生钢笔淡彩表现

【学习目标】 掌握建筑风景写生的钢笔淡彩表现工具的熟悉应用及表现步骤、方法的灵活运用。

【技能要求】 1. 能熟悉钢笔淡彩表现的多种表现手法，把钢笔表现与淡彩表现充分合理的融合经营画面。

2. 熟悉钢笔淡彩的表现步骤，学会用彩色铅笔和水彩进行淡彩表现。

【工作情境】 地　　点：室外与绘图教室。

材料工具：绘图工具（铅笔、钢笔、绘图笔等），绘图纸，彩色铅笔、水彩颜料、马克笔等。

表现内容：建筑风景钢笔淡彩表现。

钢笔淡彩这一表现形式经常被建筑师、环境艺术设计师以及其他美术工作者应用，较快速的记录生活场景和建筑造型及建筑场景，易于从事设计思维的表达。钢笔淡彩速写主要能够培养学生的动手能力，培养脑、眼、手的相互协调和表现能力，以及培养空间的理解力和造型能力。因此，其在现代造型表现艺术中受到高度重视，是造型艺术中一项不可缺少的基本功。从事建筑设计和环境艺术设计专业的学生必须掌握速写的绘画技能，为徒手表现训练打好基础（图3-4-1）。

图3-4-1
钢笔与水彩结合表现
薛欢

钢笔淡彩速写是以钢笔线条为主要手段，色彩为辅来烘托气氛。它的线的纤细、色的清丽，使画面独具韵味。它是线条与色彩结合的完美再现，用线塑造形，用色赋予形以情态，其表现手法多变，有时候是用线工整，设色严谨；有时候可以信手画线，水色写意，使画面简洁明快，且都有清新悦目的功能。钢笔淡彩就是在速写线稿的基础上施以淡彩，上色应简洁明快、丰富而含蓄，切忌“浓妆艳抹”，笔到意到，见好就收。

### 3.4.1 钢笔淡彩表现方法及工具运用

钢笔淡彩的概念，不局限于钢笔与水彩的结合这一种方法，从表现工具上看，有钢笔、彩色铅笔、马克笔、色粉笔、油画棒、透明水色、水粉等，它们都可以与钢笔线条结合起来表现，很多工具都有待于进一步的推广。工具材料如果能巧妙的发挥其作用，便可以使之成为独有的艺术风格。钢笔淡彩速写不在于它的画面完整、内容的完整，更加注重从构思到表现的过程。

钢笔淡彩是钢笔画中常见的一种表现形式。在钢笔画的基础上施以淡彩，使画面进一步完善，色彩及空间层次感增强。因不同的绘画材料呈现的表现风格也不同。

**1．淡彩表现需用到的工具**

**钢笔** 笔尖坚挺精致，线条润泽流畅。

**美工笔** 笔尖弯曲，线条有粗细变化，具有美感及动势。

**针管笔** 绘图专用笔，一类为吸墨性，一类为一次性，有不同粗细的分类。吸墨性针管笔需垂直画面使用，否则效果不够流畅；一次性针管笔出水流利，线条灵活，富有弹性，因此速写时较易使用。

**墨水** 应选用防水的碳素墨水，墨色纯正，作品易保存。

**彩色铅笔** 蜡质和水溶性两种，水溶性彩色铅笔较为多用，可以与水调和或与马克笔调和，能表现丰富的色彩关系和色彩之间的过渡（图3-4-2）。

**马克笔** 油性、水性两种，有单头和双头之分，油性马克笔具有较强的渗透力，水性马克笔可溶于水，修改时可用水洗淡。二者各有利弊，需在使用时谨慎选择。

图3-4-2
水溶性彩色铅笔

**颜料** 一般使用水彩颜料或透明水色，水彩颜料较为普遍。水彩颜料透明性较强、遮盖力弱，较易上色，适合快速表现。

**画笔** 可用不同型号的水彩笔，可以是圆头、尖头或扁头等，需根据画面内容灵活运用。

**调色盒** 要有单独放颜料的格子和较大面积的调和颜料空间。

**纸** 钢笔淡彩种类较多，因此画纸选用范围较为

广泛，可使用素描纸、水彩纸、水粉纸、色卡纸、牛皮纸等，视其表现效果合理选择。

辅助工具　必备水桶、胶带、铅笔、小刀、橡皮、海绵、吸水纸等。

## 2．钢笔淡彩的多种表现方法

（1）笔线条与水彩结合的速写

水彩的特点是色彩透明、淡雅、层次分明，适合表现结构复杂、色彩丰富的空间环境。水彩作画工具携带方便，表现快捷（图3-4-3）。

图3-4-3
钢笔与水彩结合表现
薛欢

颜料融水性很强，可以在调色盘中调配，也可以在湿润的纸上用笔调和。便于多次叠加渲染，技法的程序感很强。水彩透明性强，两种色彩混合可以产生新的色彩，相同颜色的叠加，会使色调加深一层，有助于丰富和增强画面效果，但是使用色彩要慎重。

表现时可用专用水彩纸，也可以使用不同属性的纸张。使用的墨水不可用能水溶的，否则会影响效果。

（2）钢笔线条与彩色铅笔结合的速写

彩色铅笔可分为蜡质和水溶性两种，一般水溶性彩铅应用比较广泛，易于着色，只需要加水即可调和。使用彩色铅笔美化速写十分有效，通过色彩的反复叠加和视觉混合体现色彩效果。彩色铅笔的笔触也在速写中特征也很明确，可以产生一些肌理效果，但是要注意的是在同一区域内要谨慎的涂盖不同的色彩（图3-4-4）。

图3-4-4
钢笔与彩铅结合表现
薛欢

彩色铅笔的绘画方法同铅笔素描一样，可以结合水彩笔调水表现，也可以使用水性马克笔溶解彩铅的色彩，产生奇异的效果。因为彩色铅笔上色较为费时，所以经常可以使用点染的方法突出被表现物的色彩。

（3）线条与彩色铅笔和马克笔混合上色的速写

在钢笔速写的基础上上色，可以先用马克笔画出明暗关系，在用彩色铅笔补充马克笔的不足，并刻画细节，起到色彩过渡的作用，使色彩更加细腻丰富。或是先用水溶性铅笔画出明暗和色彩关系，再用水性马克笔来调和彩铅（图3-4-5）。方法见建筑风景写生马克笔表现。

图3-4-5　钢笔与马克笔结合表现

## 3.4.2 钢笔线条与水彩结合速写的表现步骤

钢笔淡彩画法近似于钢笔画种的速写画法，其用线与速写画法相同，并且线条是画面的主要因素，以徒手为宜。设色常用水彩、彩色铅笔、马克笔技法，追求画面的轻松明快，忌用浓重的表现手法。

钢笔淡彩与水彩结合表现可用两种方法，一种是先上色后勾线，另一种是先勾线后上色。

先上色后勾线的方法是在上色前，先用铅笔画出准确细致的物象轮廓，轮廓可深可浅，避免上色后看不清轮廓而无法勾线，上色时按照水彩画的着色步骤填色，尽量填满轮廓范围。色彩干后勾出线条，线条起着修正物象色彩和层次的作用，使凌乱纷杂、平淡的画面跃然生辉。

先勾线后上色时根据精准的铅笔线勾出黑色或深色的线，干后，用水彩画法平涂或渲染物象的色彩。上色时应严谨工整，以免色彩斑驳残缺。上深色时注意避免覆盖线条。在选用墨水时宜用碳素墨水，以免水彩的水渗化线条。

作为建筑画，在用这两种方法绘画时，注意上色与勾线的顺序，可以根据画面的内容灵活使用，也可以两种方法交替使用。

### 1．范例一

**第一步：构图及起形**

先用铅笔画出构图，景物的位置，用钢笔勾画出建筑场景中的形体，整体观察，局部起笔，画出建筑的体积轮廓、比例、透视，从而确定画面的构图（图3-4-6）。

图3-4-6
第一步：构图及起形

**第二步：逐步完成钢笔表现对建筑物的细致刻画**

在细致刻画的过程中，注意对建筑场景中结构的表现及穿插。刻画形体要近实远虚，表现明暗阴影与结构的排线要主次分明，疏密有致。对建筑配景和配景建筑物进行表现，建筑与配景之间的透视与衔接是建筑风景写生中较难把握的地方（图3-4-7）。

完善对建筑局部细节的刻画，物象的质地、门窗等的结构线条的排列等。细节在建筑风景速写中起到烘托建筑场景气氛的作用。可以用钢笔线条充分的表现出静物之间的素描关系。

图3-4-7
第二步：逐步完成钢笔表现对建筑物的细致刻画

**关键及要点**

钢笔淡彩速写不应与建筑设计效果图表现相同，速写是再现真实世界，尊重客观色彩感受；而效果图是模拟一个新的世界，虽然在用笔上可以有随意性，但是色彩上偏重于主观的理念。

在开始正稿之前应该先画色彩小稿。画小稿是为正稿打基础，通过小稿来分析画面的构图、取景、透视及趣味中心，分析建筑饿体积结构、用笔排线、用色渲染等一系列作画顺序。

**第三步：着色**

用水彩画的湿画法从画面的大面积背景处开始入手，用大笔渗化表现天色，体现天空的远近关系。紧接着表现主体景物，在湿的底子上着色颜色要

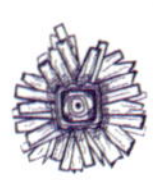

浓重些，尽量一次给够，避免多次反复。亮面留白，给远景的建筑及配景以淡淡的色彩关系，从而确立画面的主题色彩（图3-4-8）。

图3-4-8 第三步：着色

**第四步：整体观察、局部刻画完成细节表现**

细节表现暗部色彩时注意色彩的冷暖变化，画的要透明；而亮部色彩应简要含蓄，体现空气透视的色彩关系。同时为配景上色，在尊重客观物象色彩的同时，保持画面的色调统一，配景色彩不可喧宾夺主，否则画面会显得杂乱无章。要努力调整配景的色彩关系，使主体景物突出，画面色彩协调（图3-4-9）。

图3-4-9
第四步：整体观察、局部刻画完成细节表现

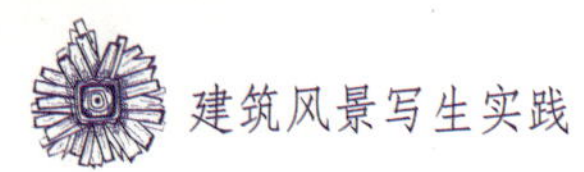


**第五步：调整完成画面**

对画面进行调整，完善画面，处理好近景、中景、远景的关系；处理好色彩的冷暖及对比关系等（图3-4-10）。

图3-4-10
第五步：调整完成画面

## 2．范例二

**第一步：安排构图（图3-4-11）**

图3-4-11
第一步：安排构图

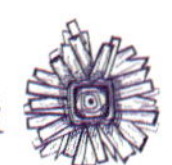

**第二步：逐步完成建筑风景写生的钢笔表现部分（图3-4-12）**

图3-4-12 第二步：逐步完成建筑风景写生的钢笔表现部分

**第三步：整体观察，局部刻画完成细节表现（图3-4-13）**

图3-4-13 第三步：整体观察，局部刻画完成细节表现

**第四步：处理背景并调整完成画面（图3-4-14）**

图3-4-14
第四步：处理背景并调整完成画面

## 3.4.3 钢笔线条与彩色铅笔结合速写表现步骤

**第一步：整体观察，确定构图**

选好景，整体观察，确定对表现对象的初步构想。这时便可以从局部入手，从上到下，从左到右，用线勾画出主体建筑物的轮廓及透视，并确定好无形的视平线及消失点。画的过程中随时预测下一步要画的位置，将构图表现清楚，线条之间不可重复（图3-4-15）。

图3-4-15
第一步：整体观察，确定构图

**第二步：用钢笔线条进行细致刻画**

这一步要确立对建筑整体的表现，认真刻画建筑的结构及穿插关系，调整景物的远近虚实和疏密关系。从整体到局部，从局部到整体反复观察比较并刻画，使画面尽量完善（图3-4-16）。

图3-4-16
第二步：用钢笔线条进行细致刻画

**第三步：彩色铅笔着色**

用彩色铅笔从亮部开始上色，由浅入深，由暖到冷逐步进行，这样利于把握画面的色彩关系。同时确立画面的色调及建筑场景之间的关系，行笔同画素描。一般情况下，亮面色彩偏暖，暗面色彩偏冷，但这种冷暖的关系是相对而言的，重要的是画阴影部的色彩时要画的“透气”（图3-4-17）。

图3-4-17
第三步：彩色铅笔着色

图3-4-18　第四步：细致刻画

**第四步：细致刻画**

用彩色铅笔上色，细致刻画视觉中心部分及一些小的细节。对配景的色彩进行处理，配景及远景部分色彩对比较主体部分明显减弱，色彩纯度也相应降低。这一步需要对画面进行充分刻画并接近完善（图3-4-18）。

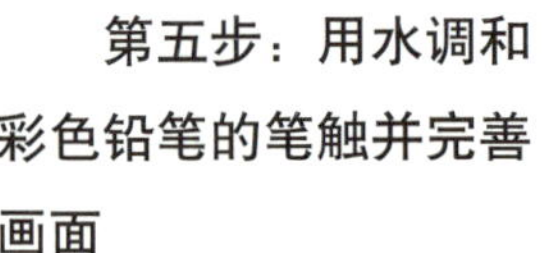

**第五步：用水调和彩色铅笔的笔触并完善画面**

水溶性彩色铅笔在用水调和之后颜色会更加明快，因此，在最后的整体处理和完善阶段，局部地方用水融合，达到加强主体景物的色彩关系的目的。同时使画面得到完善（图3-4-19）。

图3-4-19　第五步：用水调和彩色铅笔的笔触并完善画面

## 实践训练

1. 用钢笔与水彩结合的方法按照正确的步骤进行写生。
2. 用钢笔与水溶性彩色铅笔结合的方法按照正确的步骤进行写生。

# 3.5 建筑风景写生马克笔表现

【学习目标】 熟悉马克笔风景表现的材料与工具，熟练掌握马克笔的笔触效果与各种着色技法的表现方法与技巧，并能灵活而准确地融合在风景写生训练中去。着重培养学生的观察与应用能力，提高学生马克笔风景写生的表现能力。

【技能要求】
1. 临摹和看一些优秀建筑风景写生作品，从中分析和学习画面的构图形式、线条节奏、透视关系、上色笔法，氛围烘托等。
2. 建筑风景写生过程中恰当地运用马克笔上色的各种技法和作图步骤，较为真实地表现出其场景，以及其特定的意境。

【工作情境】 地　　点：室外与绘图教室。
材料工具：铅笔、钢笔、马克笔、绘图纸，彩色铅笔等。
表现内容：建筑风景马克笔表现。

马克笔是从国外引进的一种新型的绘图工具，是颇受设计师欢迎的一种新型快捷的表现工具。学生外出写生一般是进行水粉、水彩练习，携带的绘画工具十分繁杂、累赘，很不方便。这无疑地使绘画表现增加了一种新的技法，经过一定时间的运用和推广，这种技法就很快地表现出它的实用性和广泛性。它色彩亮丽、透明度好、着色简便、色彩丰富、表现力强、绘图迅速，携带方便、快速干透等特点，可以大大提高工作效率；不需要传统绘画工具做工作前的准备与工作后的清理，能以较快的速度，肯定而不含糊地表达出物体的空间形态。它是目前最为普及的设计手绘表现图的绘图工具，已为人们所熟悉。

## 3.5.1 材料工具

### 1．马克笔

图3-5-1　马克笔

马克笔（marker pen）是20世纪60~70年代引入我国的一种绘画工具（图3-5-1）。“marker”英语含义为“记号”、“标记”，开始时用于港口装卸包装和采伐木材上进行标写记号。当时的笔杆体积较大，后来用于绘画，逐渐改变，就成为现在所使用的马克笔大小样式了。目前市场上出售的马克笔有水性的和油性的。油性马克笔色彩丰富齐全、淡雅细致、柔和含蓄。水性马克笔色彩艳丽、笔触浓郁、透明性极强，与水彩颜色相似。大部分马克笔为进口产品，颜色也日益丰富，其笔头呈方形和圆锥形，方形适于大面积上色，圆锥适于细部着色，为专业人员提供了很多方便。

2．画纸

纸张对于马克笔来讲，是最基本的材料之一，纸的不同质地决定了不同的绘画效果，因为纸张会对马克笔的色彩变化、明暗变化、笔触变化等方面产生影响，所以马克笔用纸十分讲究。根据写生的具象环境形态特征、空间意境，运用什么样技法来表现其艺术效果等来选择相对应的画纸，同时还要考虑画纸的吸水程度（图3-5-2）。

图3-5-2　不同种类速写本

由于写生画是在户外进行，又因受到马克笔的笔头宽度限制，所以通常选的画幅不宜过大，一般常用8开（3号）、16开（4号）的画幅。最常用的画纸类型有以下几种：

马克笔专用纸　是针对马克笔的特性而设计的，纸质细腻，纸张两面都较光滑，均可用来上色，吸水性能强，能较为真实地还原色彩。

绘图纸　纸质坚实、平而滑、吸水性较弱。可以表现出复杂清晰的线描底稿，适宜表现精细的马克笔淡彩画。

复印纸　纸质略有些松软，纸面较光滑，呈半透明状，吸水性能中等，价格便宜，是目前市场上购买最为方便和使用率最高的纸张。适宜用作干画法的表现方式处理画面效果。

速写纸（本）　纸张较厚，纸面纹理略粗，纸质略软，吸水性能也较强，最大的特点是装订成册，携带方便，可以满足外出写生的需求。适宜干湿结合的画法表现，也可以将纸面打湿后再上色，模仿一些水墨画效果的特殊表现形式。

素描纸　纸面纹理略粗（常使用质地相对平滑的反面），且有一定的厚度，吸水性较强，和速写纸近似。水分在纸面上能迅速扩散使笔触较易融合，并可以反复排笔而纸面不受损坏，适宜马克笔的深入刻画表现形式。

水彩纸　纸质较厚，纸面纹理较粗且松软（常使用质地相对平滑的反面），吸水性很强。勾线与上色时会有一些溶渗，可以产生朦胧之意，也可

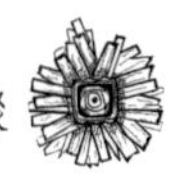

以产生古旧的艺术效果。

**白卡纸** 纸张厚且硬，纸面光滑，吸水性能弱，颜色在纸面上能保持色的纯度，且笔触清晰明确。

**有色卡纸** 市场上销售有各种色种类繁多的有色卡纸，为配合马克笔表现的特点应选灰色调纸为佳，如浅灰色、浅灰黄色、浅灰蓝色、浅灰褐色、浅灰橙色等。纸张有一定的厚度，纸面光滑，吸水性能中等。作画时常依据画面的中间色调或大面积色来选取有色卡纸的颜色。

**硫酸纸** 纸张表现光滑，质地透明，笔触易于融合，但是吸水性能很差，湿水后容易起皱。可以在纸张的正反面互相上色，达到双面颜色的叠加和互补的特殊效果，常用于景观设计的表现图。

### 3．勾线笔

马克笔技法写生，须以结构严谨、透视准确、空间关系明确、线条明朗的线图作为上色底稿需要画也线描稿。绘制线描稿的用笔，常选用不同型号的针管笔、钢笔、签字笔、彩色笔等。其中签字笔因型号齐全，价格实惠而受欢迎。签字笔线条可以在纸面上迅速吸附，不会因马克笔上色后有部分水分的溶渗而弄脏画面。

### 4．相机

相机是外出画画必不可少的必备工具之一，最好是数码相机，对拍下的景物所呈现的效果做到及时的观察。在外出写生时，常会受到光线、明暗、天气、阴雨、遮挡、围观等自然阳光变化和环境条件的影响，以及外出时间安排的限制，导致不能正常完成作品，这时我们就可以将所画的物象拍摄下来，作为室内整理和完成作品的参考资料。当然，我们也可以将自己感兴趣的景物拍摄下来，为以后的风景创作和方案设计服务。

## 3.5.2 马克笔的线条与笔触表现

马克笔由于笔头的形状结构与其他绘画笔有所不同，所以有其独特的表现功能和绘制的笔触效果。因此学习马克笔技法绘制写生时，应先熟悉马克笔的特性和运笔方式。马克笔拥有各种粗细不等的笔头，加上用笔力度与速度的轻重缓急变化，可以绘画出不同效果的线条、笔触。因此马克笔建筑画训练，就是要从基本的线条、笔触练习起步，逐步建立全面、整体、丰富的马克笔建筑画表现能力。

**关键及要点**

线条与笔触是马克笔表现的魅力所在，也是建筑画表现体系的最基本的单元。一幅优秀的马克笔写生画，除去要有准确的透视结构和协调色彩配色外，更重要的是马克笔笔触的运用、组合、排列、表现。线条与笔触的直曲变化、疏密搭配、粗细结合，不仅使画面产生主次、虚实、疏密、对比等艺术效果，还可以传递作者的各种情感。对于刚接触马克笔的初学者来说，如果对笔法性能掌握不准，便无从下笔，即使下笔后，心里无数，导致笔触生硬、不到位，线条混乱，画面形体结构松散、破坏了画面的整体效果。

在表现马克笔建筑画的过程中，可根据不同的内容灵活选用不同的表现手法。常用的线条笔触画法有以下几种，在练习中需用心体验多加练习，不断积累经验。

**平直线** 下笔应肯定有力，快速落笔且手臂移动的速度保持不变。适用于表现形体明暗和色彩的过渡关系。一般是宽线条与细线条穿插进行。此类线条的视觉效果清晰明了，画面效果干净利落，具备一定的视觉张力。初学者无法徒手画直一条完整的线条时，可以用直尺辅助完成，确保线条的肯定性与流畅性。弯曲、扭转的等不挺直的线条，会使画面显得软弱无力。

**短笔线** 笔触较短，运笔缓慢且肯定有力，是最为常用的一种笔触。常以成组的排列形式塑造形体，可产生深浅的明度推移变化，也可以用作强调形体的明暗交界线。

**虚实变化线** 行笔速度比较快，起笔时需要向下压，收笔时需要向上提。行笔讲究先重后轻的虚实变化效果，适用于表现明暗和虚实过渡，使其形体或是界面的转折过渡流畅自然。

**曲线** 线条富有律动感、流畅而富于变化，适用于表现弧面形态的建筑物、花卉植物等，应用此类线条需注意曲线走向的转换承接，使曲线不至于混乱或者是单一。

**连续线** 运笔速度快，连续往返排列线条，形成的色块面积较大。形体或建筑物的大体块及天空等常用此类线条表现。此手法很容易表现面与面之间的融合和过渡均匀的色块。

**圆点状线** 马克笔的笔尖在纸面上停留一定的时间，使颜色逐渐在纸面上溶渗成不规则的圆点状。在以肯定生硬的线条与笔触应用为主的建筑表现画中，适当地穿插一些类似的圆点状线条，可以起到柔化画面的作用，增强

马克笔的表现力。

**自由线** 应用此类线条须具备较好的画面控制能力和扎实的马克笔表现功底，不适用于初学者。它用笔自由、随意，是马克笔线条与笔触运用到一定熟练程度的结果，多用于快速表现画法。如图3-5-3为马克笔自由线条表现。马克笔运用笔头变化可画出粗、中粗、较细、细的线条。

图3-5-3
马克笔自由线条表现

## 3.5.3 马克笔上色技法

马克笔上色技法见图3-5-4。

### 1．干画法

图3-5-4 马克笔基本笔法

干画法也叫分层着色法，其特点是在干底子上进行着色，在上好的第一遍色干透后加第二遍色，是一种多层画法。干画法不讲求渗化效果，一遍遍着色，层层深入，可以表现出肯定、明晰的形体结构和丰富的色彩层次。由于色彩的层层相叠，可以画得深入和充分。此类方法较易掌握，适于初学者进行练习。干画法包括平涂法、叠加法、退晕法、留白法、罩染法、干涩法等。

**平涂法** 是一种最古老而又最现代的表现技法，就是将颜色平整而均匀处理色层的着色技法。在着色时，应避免笔触与笔触间的重叠。

**叠加法** 是一种纸上的混色方法，利用马克笔的透明性，把颜色相叠加而显出第三种色相，可以产生丰富的色彩变化。又分为单色叠加和多色叠加。

*单色叠加*　用同一色马克笔重复进行涂绘，叠加次数越多，其颜色就越深，可以产生同一色的明度变化效果，但如果重复过多，可能将纸面破坏。

*多色叠加*　运用几种颜色的马克笔相互重叠，重叠能产生一种新色相的色彩效果，可使画面色彩富于变化，层次更加丰富。但叠加也不宜过多，否则会导致画面色彩灰暗、浑浊。

*渐变法*　渐变法就是将一种颜色按照一定的规律逐渐转变的排色过程，可以是同一色的明度过渡，也可以是不同色相的推移。

*留白法*　就是在作品上留下画纸原色（留白指一般画纸为白色），不施以色彩。“留白”乃是中国画的一种表现技法。画中留白是留给欣赏者一个思维想像空间。马克笔常以“留白”表现其明亮、高光部位，或在具象重叠“形”的分界处也常常“留白”；画中的人物“留白”也是一种尝试；为了突出画面中心主要部位，在画面边角处的具象，也常画出轮廓而“留白”。

*罩染法*　也属于重叠的着色方法，只是着色的面积略大一些，画面中颜色较多，不够协调统一时，可以使用罩色方法将其作整体的协调。如画面中某色块过于冷时，可以在其冷色块上罩一层暖色，从而改变色块的冷暖性质。

*干涩法*　当马克笔用了一段时间，囊中水色会逐渐减少，画现的笔触略干含水较少，这种笔很适合此种画法。常用来表现石、木材料建成的居舍，石、木干硬的肌理，产生很自然的笔触效果。

### 2．湿画法

湿画法是指在湿的画纸上或湿的底色上连续着色（可以全部打湿，也可是局部打湿），趁水色未干时叠加或连接。另外选画纸最好选吸水性较差的或在上色时用笔将画面上色处润湿，在其未干之时上色。这样画面上的笔触界限模糊，过渡衔接也自然。如运用得当，画纸湿度较大，线条、笔触被溶渗，还会产生一种水墨画效果。湿画法特别适宜表现雨天、雾天等潮湿气候。如果想要保持湿度，可以准备一块湿毛巾，保持其恒常湿度。

### 3．干湿并用法

干湿并用法即干画法和湿画法两种技法合理、相辅相成地结合在一起。用于同一画作的上色技法。写生画面对所有的景象表现，总是有主辅、虚实、前后、软硬之分。一般来说对那些主要部位、实体具象靠前物景、干硬表现等可采用干画法；对于那些辅助衬景、虚隐暗形、后退远景、曲软体面等可相应采用湿画法。这种干湿结合的画法，会使画面更加生动、含蓄、达到耐人寻味的意境。

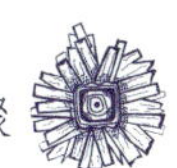

## 3.5.4 马克笔写生步骤

### 1．范例一（图3-5-5）

**第一步：钢笔线描底稿**

素稿是马克笔上色的前提和基础。以自己最感兴趣的场面与景色确定表现内容，并选择好最佳的作画角度。完成的线描稿要求构图合理、透视准确、空间大小得当、配景尺度合适、主次关系与明暗关系区分简洁明了。线条运笔肯定流畅、排线整齐而有变化，能在一定程度表现不同物体的表面质感（图3-5-6）。

图3-5-5 风景照片

图3-5-6
第一步：钢笔线描底稿

**第二步：区分画面体块关系**

区分画面体块关系时，把握好整体性，快速地用马克笔粗略地描绘出画面中主体部分的明暗关系、色彩关系和光影关系，确定画面大体的明暗及色彩结构关系（图3-5-7）。

图3-5-7
第二步：区分画面体块关系

**第三步：细节刻画**

在画面逐渐深入的过程中，加强刻画景物的细部，尤其是材料质感的修整；加强光影关系的刻画，尤其是暗部层次的增加，增强画面的真实感和各部分之间的联系，并通过线条与笔触的变化丰富画面色彩，也可以适当地添加配景来活跃场景气氛（图3-5-8）。

图3-5-8
第三步：细节刻画

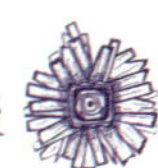

**第四步：把握整体、完成画面**

整体感是衡量艺术作品品质的主要依据，也是画面处理的终极追求，因此，画面的整体把握和调整是极其重要的一个阶段。这个阶段应以观察比较为主，需要对画面做完整、全面的审视，调整、弥补画面中的不足之处。调整时要注意画面的空间关系和主次关系，并去掉多余、累赘的东西，使其能协调统一到一个整体中去，应尽量做到画面清晰、有序、协调，视觉中心明显，主题突出（图3-5-9）。

图3-5-9
第四步：把握整体、完成画面

## 2．范例二

**第一步：线稿的描绘**

线稿是马克笔上色的前提与基础，可以用钢笔、彩色笔、铅笔与彩色铅笔为主要的工具，也可以直接用马克笔的细头的一面直接勾线。线描稿要选择合理的视点，表现准确的透视关系以及空间尺度，对于配景的比例和位置也要合理的安排。线条表现应肯定有力，体现不同景物的表面质感，排线顺应物体结构作明暗变化（图3-5-10）。

图3-5-10
第一步：线稿的描绘

**第二步：用马克笔区分体块关系**

这一步需要用马克笔描绘出画面中主要的明暗关系、色彩关系和光影关系，建立画面大体的明暗及色彩结构。注意画面的整体关系（图3-5-11）。

图3-5-11
第二步：用马克笔区分体块关系

**第三步：逐步深入刻画**

深入刻画画面的多种关系，使画面内容丰富，明暗对比逐渐刻画到位，色彩变化增强，画面关系更加清晰，层次感加强。在表现过程中仍以固有色的表现为主，使色调保持统一。这一步骤防止画面单调、乏味、缺少变化。（图3-5-12）。

图3-5-12
第三步：逐步深入刻画

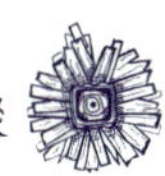

**第四步：结合彩色铅笔表现调整画面整体关系**

结合彩色铅笔添加场景中的细节表现，主要是区分不同的质感，对材料进一步表现和对配景的描绘。通过添加画面配景及色彩来活跃场景气氛。彩色铅笔易于表现很多特殊的质感效果，具有丰富的色彩变化（图3-5-13）。

图3-5-13
第四步：结合彩色铅笔表现调整画面整体关系

整体效果是衡量作品品质的主要依据。画面应该是一个整体的体块，画面上有很多个个体组成，并且每个个体是不可分割的关系。在这一步骤中需要对整体做完整、全面的审视，调整、弥补画面中的不足，通过削弱、强调、添加等方法，对局部做出修改和整理，可以选用彩色铅笔作为辅助工具，对马克笔表现的部分做补充与修饰，达到整体画面的次序感。

## 实践训练

1. 临摹优秀的马克笔风景写生作品。

2. 改绘练习，将照片（最好是自己拍摄的）、图片进行马克笔技法改绘，提高写生表现水平。

3. 马克笔线描稿复印多张，然后进行马克笔上色练习。

4. 实景写生练习，了解各种建筑与民居的主要特点，做不同风格的实景表现训练。

# 3.6 建筑风景写生其他表现方法

【学习目标】 掌握建筑风景写生多种表现方法及手段，灵活运用。

【技能要求】 1. 能熟悉多种表现方法，经营不同感觉的画面效果。
2. 掌握铅笔、油画棒等写生的方法。

【工作情境】 地　　点：室外。
材料工具：铅笔、钢笔、绘图笔、炭笔、绘图纸、油画棒、蜡笔等。
表现内容：建筑风景钢笔淡彩表现。

## 3.6.1 铅笔表现

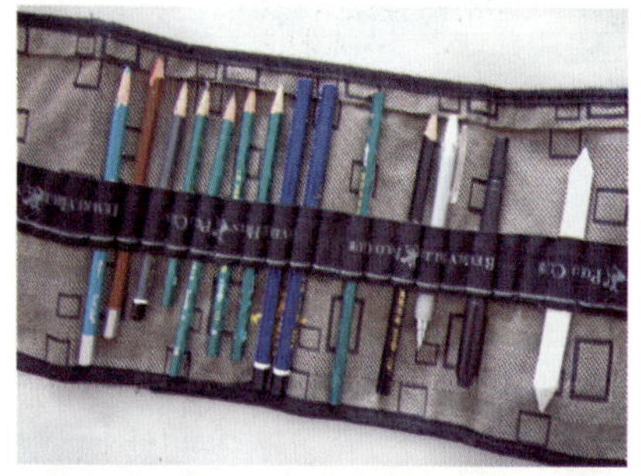

图3-6-1
铅笔写生工具

图3-6-2
纸张纹理及表现

铅笔是较常用的表现方法，不同硬度的铅笔能画出各种不同性质的线条，用铅笔画建筑风景速写能够表现精细的局部，也能描绘完整的整体（图3-6-1）。明暗色调过渡细腻，修改便捷。铅笔速写适合选择水彩纸、素描纸、铅笔画纸等一些有纹理的纸张（图3-6-2）。

## 3.6.2 蜡笔、油画棒、色粉表现

蜡笔或油画棒：这两种工具含有蜡质，无法与水融合，因此可以借助这一特点产生特殊的效果。例如先用蜡笔或油画棒涂画地面、墙面，再涂以水彩，水彩色只着色于没有蜡笔和油画棒的纸面上，产生平列或交错的色彩关系。适用于表现水泥墙面、水磨石、沥青路面等。涂绘的轻重程度不同，也能够表现不同的质感肌理（图3-6-3和图3-6-4）。

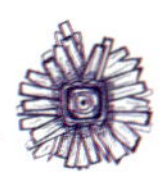

图3-6-3 色粉与有色纸表现

图3-6-4 色粉与有色纸表现

## 3.6.3 炭笔或炭精笔表现

炭笔或炭精笔较铅笔表现效果更加强烈，需要注意的是，炭笔表现的层次感略弱于铅笔表现。在写生时需要合理、恰当地用笔，控制行笔的轻重度，不宜画得过黑和过于死板（图3-6-5）。

图3-6-5 炭笔表现 高志军

## 3.6.4 特殊技法

采用各种工具材料，或采用绘制以外的表现方法，综合使用和相互配合，探求特殊的艺术效果。

用塑料管彩色笔、彩色铅笔、圆珠笔，虽然都难以成片涂抹，但使用得当，充分利用其纤细的特点，体现线描效果或局部修饰，也可以产生丰富的装饰性。还可以运用有色纸，在绘制时营造一些配景和环境气氛，以取得特殊的效果。

特殊技法的表现方法和技巧，没有一定的程式，从效果出发，根据自己熟悉的材料

图3-6-6　有色纸

工具和表现手法，在实践中创造更多的方法。

### 1．有色纸表现

色纸　在纸的生产中就做好了各种颜色的画纸，常用于画色粉画或有特殊要求的水彩画（图3-6-6）。

染色纸　根据作品的要求调好染色力较强的水性颜料，对画纸进行染色处理。

有色纸质感与色彩种类繁多，可以根据需要选择适合的颜色以及适合的质感。在有色纸上可以进行钢笔表现、中性笔表现、水彩表现、水粉表现、彩色铅笔表现、马克笔、油画棒表现等多种表现方法。

有色纸表现需要注意的问题是色彩的协调关系，以及色彩的叠加关系。在有色纸上进行写生可以简化中间色或某些物体固有色的表现力度，相对白纸来说较为简便和效果强烈。

### 2．有纹纸表现

运用不同纹理的纸张，结合不同的上色方法，可以达到一些适合需要的效果。这种纸张也可以选用现成的纸纹或根据需要加工出适合的纸纹。（图3-6-7和图3-6-8）。

图3-6-7
有色纸水彩表现

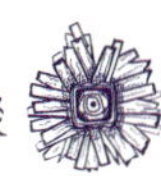

图3-6-8 有色纸水彩表现 薛欢

## 实践训练

1. 临摹优秀的风景写生作品。
2. 进行多种工具的尝试练习。分别进行铅笔速写练习与油画棒速写练习。
3. 实景写生练习，做不同风格、手法的实景表现训练。

# 附录　建筑风景写生赏析

## 1. 钢笔表现

钢笔写生 雷雨

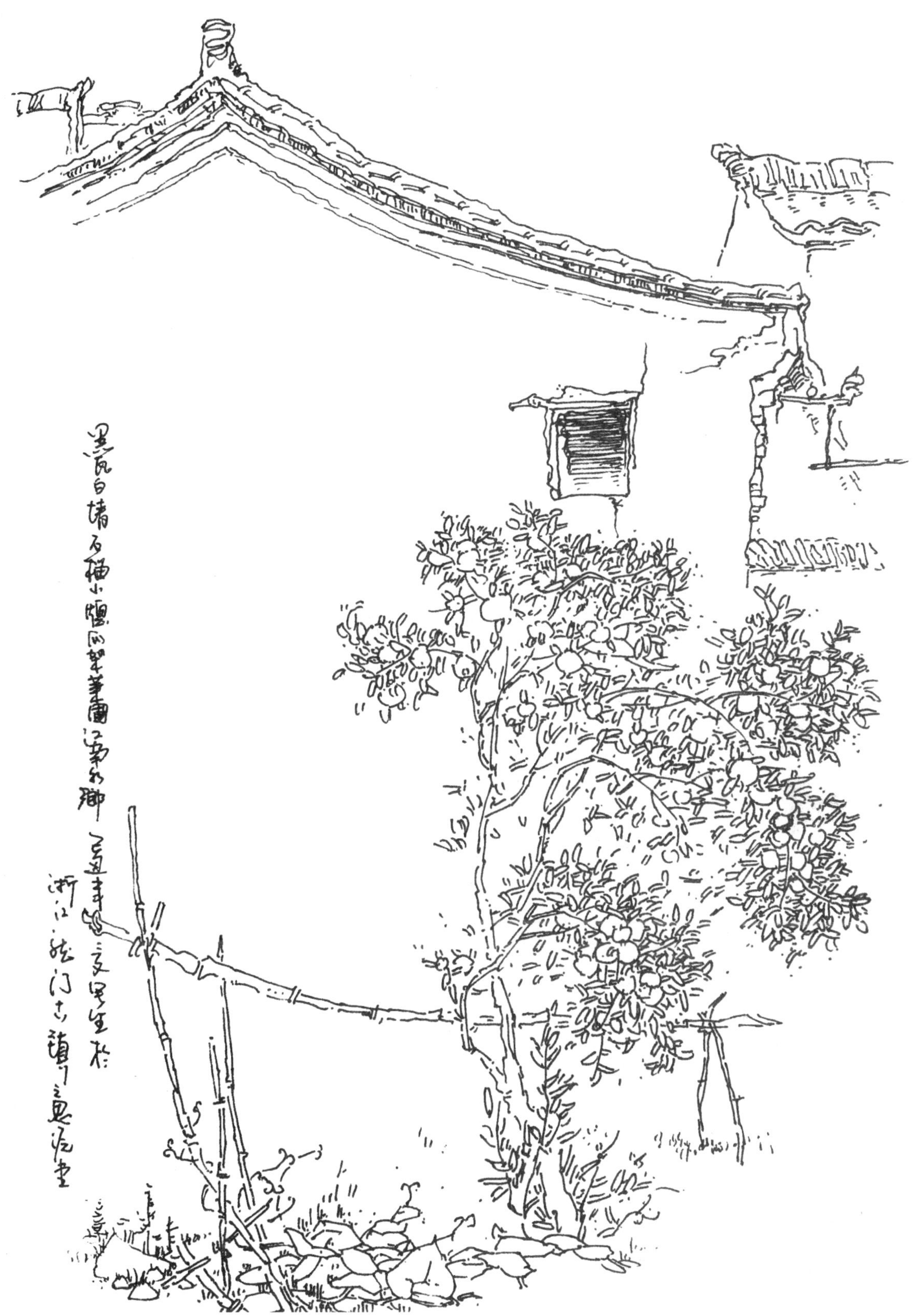

钢笔写生 王艳文

钢笔写生 王艳文

钢笔写生 王艳文

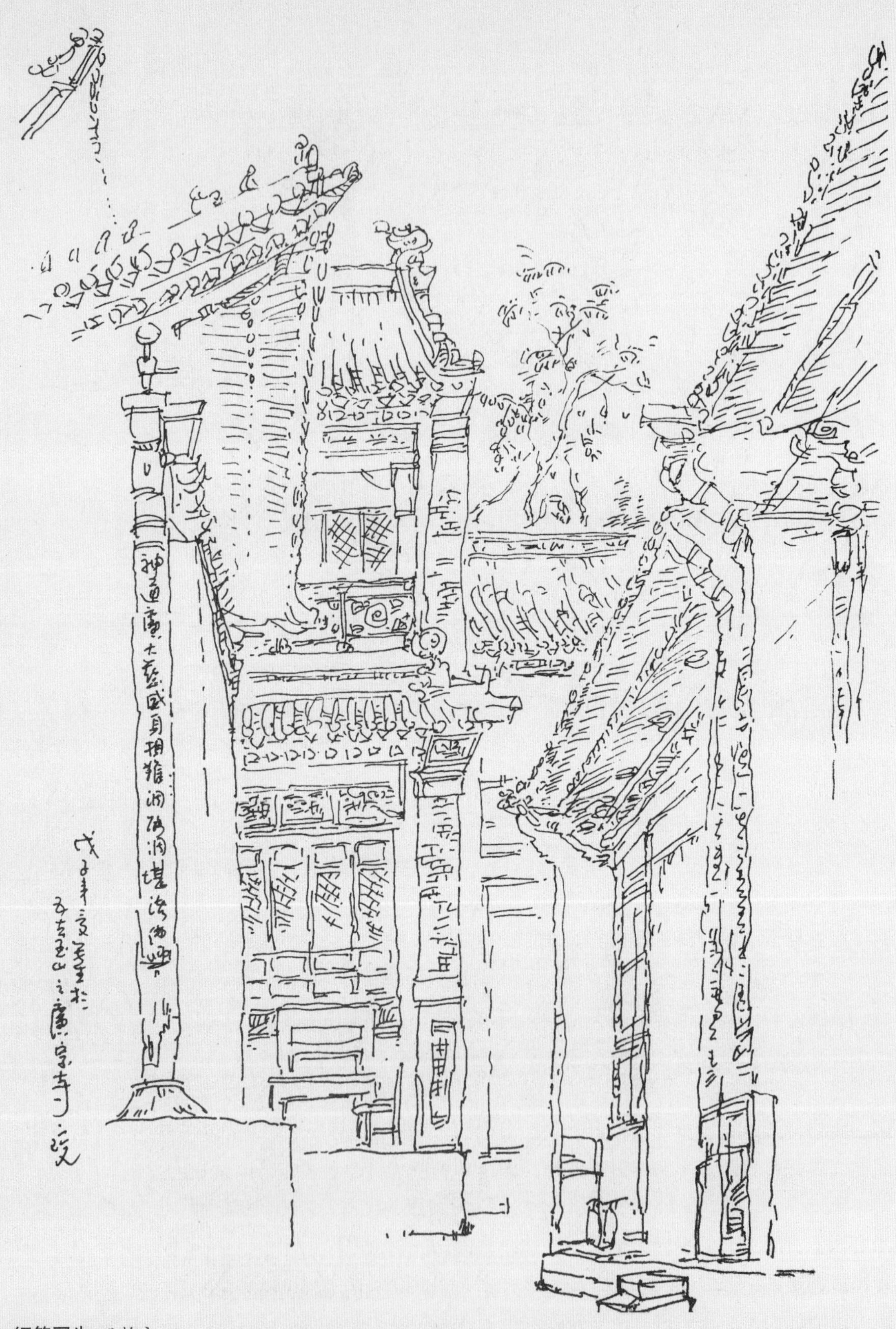

钢笔写生 王艳文

钢笔写生 薛欢

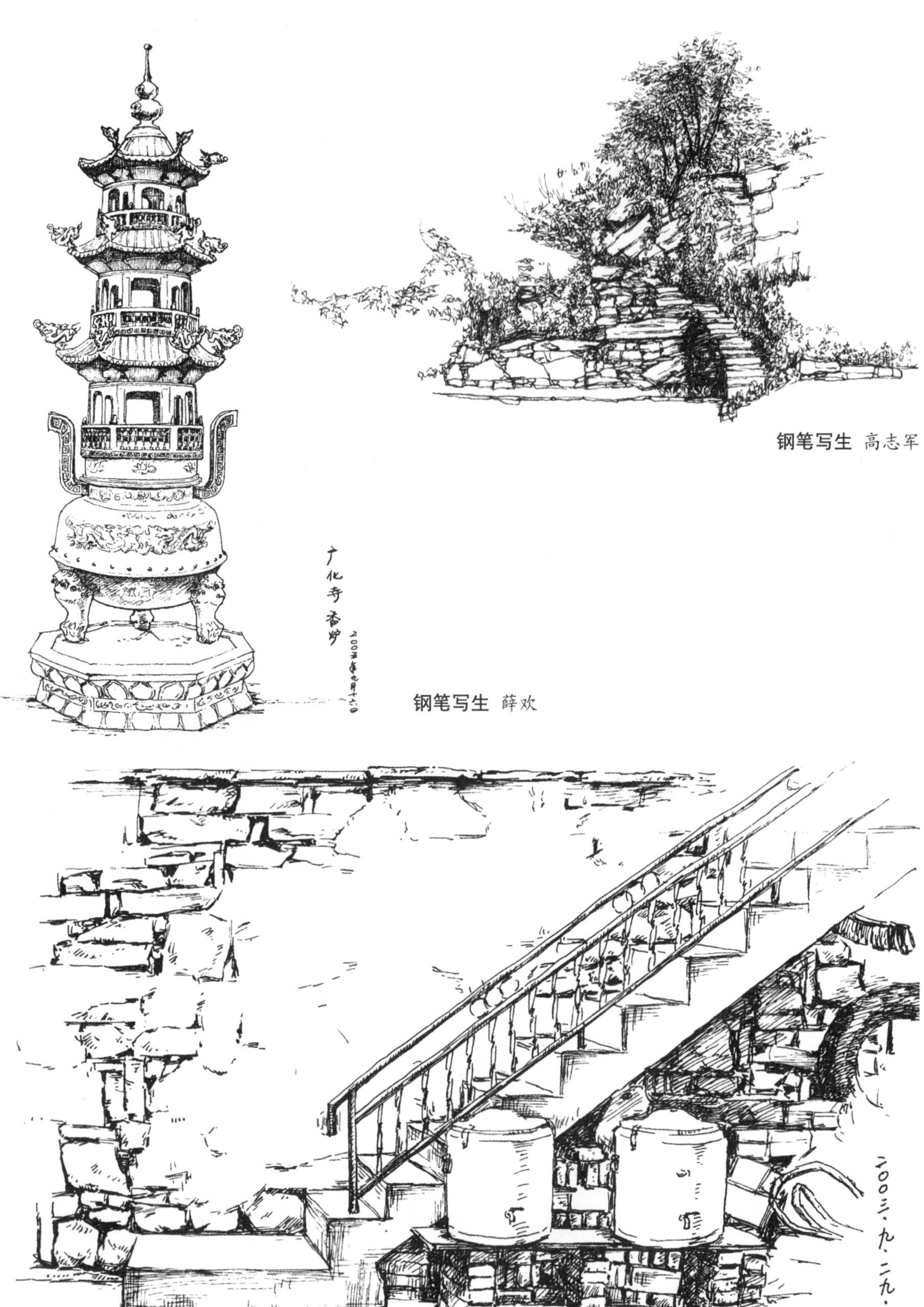


钢笔写生 高志军

钢笔写生 薛欢

钢笔写生 胡少杰

**钢笔写生** 胡少杰

**钢笔写生** 胡少杰

**钢笔写生** 郝晶晶

**钢笔写生** 郝晶晶

钢笔写生 郝晶晶

钢笔写生 郝晶晶

钢笔写生 郝晶晶

油笔写生 薛欢

钢笔写生 薛欢

## 2. 水彩表现

水彩写生 郝晶晶

**水彩写生** 郝晶晶

水彩写生 薛欢

水彩写生 薛永德

**水彩写生** 薛永德

## 3. 水粉表现

**水粉写生** 张跃华

## 4. 钢笔淡彩

钢笔与彩铅 薛欢

钢笔与彩铅 薛欢

钢笔与彩铅 雷雨

钢笔与彩铅 薛欢

**钢笔与水彩** 雷雨

## 5. 马克笔表现

马克笔速写 孙凤玲

马克笔速写 孙凤玲

马克笔速写 薛欢

马克笔速写 张跃华

马克笔速写 张跃华

## 6. 其他表现方法

炭笔写生 雷雨

铅笔写生 李楠

铅笔写生 薛欢

有色纸与色粉笔 雷雨

铅笔写生 王艳文

铅笔写生 李楠

炭笔写生 申丽霞

炭笔写生 薛菲

炭精笔写生 薛菲

有色纸炭笔写生 薛欢

水笔表现 薛欢

炭精笔写生 申丽霞

水笔与水彩的结合 薛欢

有色粉笔写生 雷雨

# 主要参考文献


顾振华，徐丽荣. 2009. 色彩. 上海：东方出版中心.

金允铨，吴昊，韩程远. 2001. 水粉. 西安：陕西人民美术出版社.

李水成，曾毅. 2009. 水彩画技法语言教学. 长沙：湖南美术出版社.

夏克梁. 2010. 表现与探析. 南京：东南大学出版社.

薛欢. 2007. 风景写生. 武汉：武汉理工大学出版社.

张举毅，徐磊. 2001. 建筑画. 西安：陕西人民美术出版社.